项目建设教学改革成果
电气技术专业一体化教材

SHUZI DIANZI JISHU

数字电子技术

◎ 主　编　盛继华　黄清锋　何锦军
◎ 副主编　盛宏兵　喻旭凌　吴小燕
◎ 参　编　楼　露　王　鹏　杨　越　柳和平
　　　　　　陈　洁　张元芳　胡杭芳
◎ 主　审　吴兰娟

西安交通大学出版社
XI'AN JIAOTONG UNIVERSITY PRESS

图书在版编目（CIP）数据

数字电子技术 / 盛继华，黄清锋，何锦军主编. —
西安：西安交通大学出版社，2020.9（2021.1 重印）
ISBN 978-7-5693-1291-1

Ⅰ.①数… Ⅱ.①盛… ②黄… ③何… Ⅲ.①数字电
路—电子技术—教材 Ⅳ.①TN79

中国版本图书馆CIP数据核字（2019）第179522号

书　　名	数字电子技术
主　　编	盛继华　黄清锋　何锦军
策划编辑	曹　昳
责任编辑	曹　昳　李　佳
责任校对	雷萧屹
出版发行	西安交通大学出版社
	（西安市兴庆南路1号　邮政编码710048）
网　　址	http://www.xjtupress.com
电　　话	（029）82668357 82667874（发行中心）
	（029）82668315（总编办）
传　　真	（029）82668280
印　　刷	西安日报社印务中心
开　　本	880mm×1230mm　1/16　印张 8.5　字数 178千字
版次印次	2020年9月第1版　　2021年1月第2次印刷
书　　号	ISBN 978-7-5693-1291-1
定　　价	25.80元

P 前 言
Preface

为了贯彻落实全国职业教育工作会议精神，努力使数字电子技术课程教学更加贴近实际、贴近学习者，我们组织了一批具有丰富教学和生产实践经验的一线教师、技术人员和企业一线专家，认真研讨、实践和论证，编写了本书。

【本书特点】

一、本书充分汲取教学成功经验和教学成果，从分析典型工作任务入手，构建培养计划，确定课程教学目标。

二、以国家职业标准为依据，大力推进课程改革，创新实践教学模式，坚持"做中学、做中教、做中评"，将消耗性实训变为生产型实践。

三、贯彻先进的教学理念，本书符合一体化教学要求，提炼数字电子技术基础工作中的典型工作任务，采取项目式教学。以技能训练为主线、相关知识为支撑，较好地处理了理论教学与技能训练的关系，切实落实"管用、够用、适用"的教学指导思想。

四、突出先进性，较多地编入新技术、新材料、新设备、新工艺的内容，以期缩短学校教育与企业需要的距离，更好地满足企业用人的需要。

五、在设计任务时，设定模拟工作场景，提高学生的学习兴趣。

本书由盛继华、黄清锋、何锦军担任主编，盛宏兵、喻旭凌、吴小燕担任副主编，楼露、王鹏、杨越、柳和平、陈洁、张元芳、胡杭芳参加编写，全书由吴兰娟主审。

由于编者水平有限，书中难免有疏漏和不妥之处，恳请各位读者提出宝贵意见，以便及时改正。

金华市技师学院编委会

C目录
Contents

课题一

逻辑电笔的安装与调试

知识准备

古时候，人们的日常生活中，"秤"分为两种，一种为五两秤，一种为八两秤，这就是五进制和八进制。像这样的物品现代生活中还有很多，如指针式钟表、数字式钟表、太极八卦、算盘等（见图1-1）。

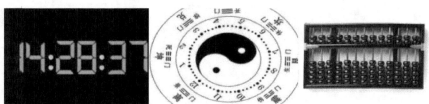

图1-1　带计数的物品

任务一　逻辑代数

逻辑代数是分析和设计数字电路的基本数学工具，逻辑代数中的变量只有两种取值，即0和1，且0和1不再表示具体数值的大小，而是表示两种不同的逻辑状态。

一、数制

数制是计数体制的简称，数制可分为十进制、二进制、八进制、十六进制等种类。

1. 十进制

十进制数共有0、1、2、3、4、5、6、7、8、9十个数码，在计数时，采用"逢十进一"的规则。

2. 其他进制

其他进制有二进制数、八进制数及十六进制数等。

二进制数只有0、1两个数码，采用"逢二进一"的计数规则；

八进制数共有八个数码，即0～7，采用"逢八进一"的计数规则；

十六进制数共有十六个数码，即0～9、A、B、C、D、E、F，采用"逢十六进一"的计数规则。

二、不同进制间的转换

1. 二进制、八进制、十六进制转换成十进制

按权展开相加法。

2. 十进制转换为其他进制

进制的整数部分与小数部分分别转换。

整数部分采用"除基取余法"：整数部分逐次除以基数，依次记下余数，直至商为0。读数方向：从下到上。小数部分采用"乘基取整法"，小数部分连续乘以基数，依次取整数，直至小数部分为0，或达到要求的精度。读数方向：从上到下。

例1.1 将十进制数37.48转换成二进制数、八进制数，小数点后保留三位。

解：$(37.48)_{10} = (37)_{10} + (0.48)_{10}$

（1）十进制数37.48转换成二进制数

整数部分

$(37)_{10} = (100101)_2$

小数部分

$(0.48)_{10} = (0.011)_2$

所以，$(37.48)_{10} = (100101.011)_2$

（2）十进制数37.48转换成八进制数

$(37)_{10} = (45)_8$

$(0.48)_{10} = (0.365)_8$

所以，$(37.48)_{10} = (45.365)_8$

3. 二进制与八进制、十六进制间的转换

（1）二进制与八进制的转换

规则：每三位二进制数相当于一位八进制数。

二进制数转换为八进制数：以小数点为中心，分别向左、向右两边延伸，每三位二进制数为一组，用对应的八进制数来表示；不足三位的，用0补足。

八进制转换为二进制：每位八进制数用三位二进制数来代替，去掉多余的0（最前面和最后面的0）。

（2）二进制与十六进制的转换（类似于二进制与八进制的转换）

规则：每四位二进制数相当于一位十六进制数。

二进制数转换为十六进制数：以小数点为中心，分别向左、向右划分延伸，每四位二进制数用一位十六进制数来表示；不足四位的，用0补足。

十六进制转换为二进制：每位十六进制数用四位二进制数来代替，去掉多余的0（最前面和最后面的0）。

例1.2 将二进制数1001101.010转换为八进制数和十六进制数。

解：二进制　　　001　　001　　101.　　010

　　　八进制　　　 1　　　1　　　5 .　　　2

所以（1001101.010）$_2$＝（115.2）$_8$

　　　二进制　　　0100　　1101.　　0100

　　　十六进制　　　4　　　D .　　　4

所以（1001101.010）$_2$＝（4 D . 4）$_8$

各进制之间的相互换算对照表见表1-1。

表1-1　各进制之间的相互换算对照表

十进制数	二进制数	十六进制
0	0000	0
1	0001	1
2	0010	2
3	0011	3
4	0100	4
5	0101	5
6	0110	6
7	0111	7
8	1000	8
9	1001	9
10	1010	A
11	1011	B
12	1100	C
13	1101	D
14	1110	E
15	1111	F

三、逻辑代数的基本原理

1. 基本逻辑运算

基本逻辑运算有三种：逻辑加、逻辑乘、逻辑非。

（1）逻辑加

逻辑加的表达式为：$Y=A+B$；

逻辑加代表的含义是：A或B只要有一个是1，则Y就为1。实现逻辑加的电路是或门电路。

（2）逻辑乘

逻辑乘的表达式为：$Y=A \cdot B$；

书写时，"·"可以省略。

逻辑乘所代表的含义是：A和B都为1时，Y才是1，A和B有一个为0时，Y就是0。实现逻辑乘的电路是与门电路。

（3）逻辑非

逻辑非的表达式为：$Y=\overline{A}$；

逻辑非所代表的含义是：$A=1$时，$Y=0$；$A=0$时，$Y=1$。实现逻辑非的电路是非门电路。

2. 逻辑函数

逻辑函数是反映输出和输入之间逻辑关系的表达式。可以表示为：

$$Y=f（A，B）$$

其中，A、B是输入逻辑变量，Y是输出逻辑变量。

3. 基本公式和常用公式

（1）基本公式，见表1-2。

表1-2　基本公式

自等律	$A+0=A$	$A \cdot 1=A$
0-1律	$A+1=1$	$A \cdot 0=0$
互补律	$A+\overline{A}=1$	$A \cdot \overline{A}=0$
交换律	$A+B=B+A$	$A \cdot B=B \cdot A$
结合律	$(A+B)+C=A+(B+C)$	$(A \cdot B) \cdot C=A \cdot (B \cdot C)$
分配律	$A \cdot (B+C)=A \cdot B+A \cdot C$	$A+B \cdot C=(A+B) \cdot (A+C)$
同一律	$A+A=A$	$A \cdot A=A$
反演律	$\overline{A+B}=\overline{A} \cdot \overline{B}$	$\overline{A \cdot B}=\overline{A}+\overline{B}$
否定律	$\overline{\overline{A}}=A$	—

（2）常用公式

公式1　$AB+A\overline{B}=A$

证明：$AB+A\overline{B}=A(B+\overline{B})=A$

公式2　$A+AB=A$

证明：$A+AB=A(1+B)=A$

公式3　$A+\overline{A}B=A+B$

证明：$A+\overline{A}B=(A+\overline{A})\cdot(A+B)=A+B$

公式4　$AB+\overline{A}C+BC=AB+\overline{A}C$

证明：$AB+\overline{A}C+BC=AB+\overline{A}C+BC(A+\overline{A})=AB+\overline{A}C+ABC+\overline{A}BC$

$\qquad\qquad\quad=AB(1+C)+\overline{A}C(1+B)=AB+\overline{A}C$

公式5　$\overline{A\overline{B}+\overline{A}B}=\overline{A}\,\overline{B}+AB$

证明：$\overline{A\overline{B}+\overline{A}B}=\overline{A\overline{B}}\cdot\overline{\overline{A}B}=(\overline{A}+B)\cdot(A+\overline{B})$

$\qquad\qquad\quad=\overline{A}\,\overline{B}+AB$

公式6　$\overline{AB+\overline{A}C}=\overline{A}B+\overline{A}\,\overline{C}$

证明：$\overline{AB+\overline{A}C}=\overline{AB}\cdot\overline{\overline{A}C}=(\overline{A}+\overline{B})\cdot(A+\overline{C})$

$\qquad\qquad\quad=A\overline{B}+\overline{A}\,\overline{C}+\overline{B}\,\overline{C}=A\overline{B}+\overline{A}\,\overline{C}$

练一练

证明：$AB+\overline{A}C+\overline{B}C=AB+C$

参考答案：

$\quad AB+\overline{A}C+\overline{B}C$

$\quad =AB+(\overline{A}+\overline{B})C$

$\quad =AB+(\overline{AB})C$

$\quad =AB+C$

四、逻辑函数表达式、真值表与逻辑图

逻辑函数表达式、真值表与逻辑图是逻辑函数的三种不同表示方法，它们之间可以互相转换。

1. 逻辑函数表达式与真值表的转换

按照函数表达式，对变量的各种可能取值进行运算，求出相应的函数值，再把变量值和函数值一一对应列成表格，就可以得到真值表，如表1-3所示。

如函数表达式$Y=A+B$，当$A=0$，$B=0$时，$Y=0$；当$A=0$，$B=1$时，$Y=1$；当$A=1$，$B=0$时，$Y=1$；当$A=1$，$B=1$时，$Y=1$。

表1-3　真值表

A	B	Y
0	0	0
0	1	1
1	0	1
1	1	1

若已知真值表，要想得到函数表达式，只要把真值表中的函数值等于1的变量组合挑选出来，然后将变量值是1的写成原变量，是0的写成反变量，再把组合中各个变量相乘，最后把各个乘积项相加，就能得到相应的函数表达式，如下表1-4所示。

表1-4　函数表达式

A	B	Y
0	0	0
0	1	1
1	0	1
1	1	1

列表达式：$Y=\overline{A}B+A\overline{B}+AB$；

化简：$Y=\overline{A}B+A(\overline{B}+B)=A+B$。

2. 逻辑图与真值表、逻辑函数的转换

若已知逻辑图，要得到真值表，可根据变量的各种取值，求出函数的对应值，便可列出真值表。

若已知逻辑图，要得到函数表达式，可根据逻辑图逐级写出输出的逻辑函数表达式。

若已知逻辑函数表达式，要得到逻辑图，则更加简单。只要用与门、或门、非门来实现这三种运算，就可以得到对应的逻辑图。

五、逻辑函数的化简

1. 化简的必要性

逻辑函数的化简是很重要的，它意味着可以用较少的元件实现同样的逻辑功能，这样既可节约元件，又可提高电路的可靠性。

2. 公式化简法

公式化简法就是运用逻辑代数的基本公式和常用公式进行化简。

（1）合并法

利用$A+\overline{A}=1$的公式，将两项合并成一项，合并时消去一个变量。例如：

$$Y=ABC+A\overline{B}C=AC(B+\overline{B})=AC$$

（2）吸收法

利用$A+AB=A(1+B)=A$的公式，消去多余的项。例如：

$$Y=\overline{B}C+\overline{B}CDE=\overline{B}C(1+DE)=\overline{B}C$$

（3）消去法

利用$A+\overline{A}B=A+B$的公式，消去多余的因子。例如：

$$Y=AB+\overline{A}C+\overline{B}C=AB+(\overline{A}+\overline{B})C=AB+\overline{AB}C=AB+C$$

（4）配项法

利用$A=A(B+\overline{B})$，将它作为配项用，然后消去更多的项。例如：

$$Y=AB+\overline{A}\ \overline{C}+B\overline{C}=AB+\overline{A}\ \overline{C}+B\overline{C}(A+\overline{A})$$
$$=AB+\overline{A}\ \overline{C}+AB\overline{C}+\overline{A}B\overline{C}=(AB+AB\overline{C})+(\overline{A}\ \overline{C}+\overline{A}B\overline{C})$$
$$=AB+\overline{A}\ \overline{C}$$

下面举例来说明。

例1.3 化简逻辑函数 $Y=ABC+A\overline{D}\ \overline{C}+AB\overline{C}+A\overline{D}C$。

解：
$$Y=ABC+A\overline{D}\ \overline{C}+AB\overline{C}+A\overline{D}C$$
$$=AB(C+\overline{C})+A\overline{D}(\overline{C}+C)$$
$$=AB+A\overline{D}$$

例1.4 化简逻辑函数$Y=AD+A\overline{D}+AB+\overline{A}C+BD+A\overline{B}EF+\overline{B}EF$。

解：
$$Y=AD+A\overline{D}+AB+\overline{A}C+BD+A\overline{B}EF+\overline{B}EF$$
$$=A+AB+\overline{A}C+BD+A\overline{B}EF+\overline{B}EF$$
$$=A(1+B+\overline{B}EF)+\overline{A}C+BD+\overline{B}EF$$
$$=A+\overline{A}C+BD+\overline{B}EF$$
$$=A+C+BD+\overline{B}EF$$

练一练

将$Y=A\overline{B}C+A\overline{C}\ \overline{D}+A\overline{C}(\overline{B}+D+1)$逻辑函数化简为最简与或表达式。

答案：

$$Y=A\overline{B}C+A\overline{C}\ \overline{D}+A\overline{C}(\overline{B}+D+1)$$
$$=A\overline{B}C+A\overline{B}\ \overline{C}+\overline{A}\ \overline{C}D+A\overline{C}D+A\overline{C}$$
$$=A\overline{B}+\overline{C}D+A\overline{C}$$

3. 卡诺图

采用卡诺图进行化简，可以快速、准确地得出最简表达式。

（1）最小项的概念

设A、B、C是三个逻辑变量，由这三个变量可构成八个乘积项：

$\overline{A}\ \overline{B}\ \overline{C}$、$\overline{A}\ B\overline{C}$、$\overline{A}B\overline{C}$、$\overline{A}BC$、$A\overline{B}\ \overline{C}$、$A\overline{B}C$、$AB\overline{C}$、$ABC$

这八个乘积项有着共同的特点：一是都只有三个因子；二是每一个变量都以原变量或者反变量的形式作为一个因子在乘积项中出现一次。这样的八个乘积项，就称为这三个变量的最小项。

为了方便起见，通常根据最小项中变量的两种出现形式来对最小项进行编号，用m_i表示。例如，$A\overline{B}\overline{C}$的编号为$m_6$。

也可将逻辑函数表示成最小项编号之和的形式，例如：

$$Y=\overline{A}\,\overline{B}\,\overline{C}+\overline{A}\,\overline{B}\,C+A\,\overline{B}\overline{C}+AB\overline{C}=m_0+m_1+m_5+m_6$$
$$=\sum m(0,\ 1,\ 5,\ 6)$$

（2）卡诺图表示法

所谓卡诺图就是表示最小项相邻关系的方块图。

卡诺图具有如下一些特点：

①形象地表达了最小项之间的相邻性。所谓相邻性是指两个最小项之间只有一个变量互为相反变量，其余变量均相同。

②卡诺图上的任何一行（或列）的头尾小方格也具有相邻性。

4. 卡诺图化简法

（1）合并最小项的规律

利用卡诺图化简逻辑函数时，应掌握如下几个规律。

①两个小方块相邻（包括处于一行或列的两端）时，可以合并成一项。合并时只保留取值相同的变量，消去互为相反的变量，如图1-2所示。

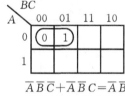

$\overline{A}\,\overline{B}\,\overline{C}+\overline{A}\,\overline{B}\,C=\overline{A}\,\overline{B}$
（这两项中，只有因子$\overline{A}\,\overline{B}$是相同的，故保留，其余消去）

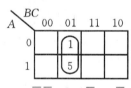

$\overline{A}\,\overline{B}\,C+A\,\overline{B}\,C=\overline{B}\,C$
（这两项中，只有因子$\overline{B}\,C$是相同的，故保留，其余消去）

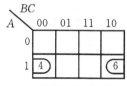

$A\,\overline{B}\,\overline{C}+AB\overline{C}=A\overline{C}$
（这两项中，只有因子$A\overline{C}$是相同的，故保留，其余消去）

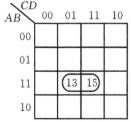

$AB\overline{C}D+ABCD=ABD$
（这两项中，只有因子ABD是相同的，故保留，其余消去）

$\overline{A}\,\overline{B}\,\overline{C}\overline{D}+\overline{A}\,\overline{B}\,C\overline{D}=\overline{B}\,\overline{C}\,\overline{D}$
（这两项中，只有因子$\overline{B}\,\overline{C}\,\overline{D}$是相同的，故保留，其余消去）

$\overline{A}B\,\overline{C}\overline{D}+\overline{A}BC\overline{D}=\overline{A}B\,\overline{D}$
（这两项中，只有因子$\overline{A}B\,\overline{D}$是相同的，故保留，其余消去）

图1-2　合并最小项（1）

②相邻的四个小方块、一行（列）、处于两行（列）的始末端、或处于四角的四个项可合并成一项。合并时，只保留取值相同的变量，如图1-3所示。

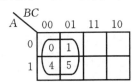

$\overline{A}\,\overline{B}\,\overline{C}+\overline{A}\,\overline{B}C+A\overline{B}\,\overline{C}+A\overline{B}C=\overline{B}$
（这四个相邻项中，只有因子 $\overline{B}$ 是相同的，故保留，其余的全部消去）

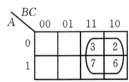

$\overline{A}BC+\overline{A}B\overline{C}+ABC+AB\overline{C}=B$
（这四个相邻项中，只有因子 B 是相同的，故保留，其余的全部消去）

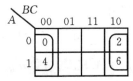

$\overline{A}\,\overline{B}\,\overline{C}+A\overline{B}\,\overline{C}+\overline{A}B\overline{C}+AB\overline{C}=\overline{C}$
（这四个相邻项中，只有因子 $\overline{C}$ 是相同的，故保留，其余的全部消去）

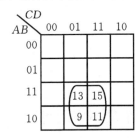

$AB\overline{C}D+ABCD+A\overline{B}\,\overline{C}D$
$+A\overline{B}CD=A D$
（这四个相邻项中，只有因子 AD 是相同的，故保留，其余的全部消去）

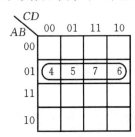

$\overline{A}B\overline{C}\,\overline{D}+\overline{A}B\overline{C}D+\overline{A}BCD$
$+\overline{A}BC\overline{D}=\overline{A}B$
（这四个相邻项中，只有因子 $\overline{A}B$ 是相同的，故保留，其余的全部消去）

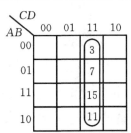

$\overline{A}\,\overline{B}CD+\overline{A}BCD+ABCD$
$+A\overline{B}CD=CD$
（这四个相邻项中，只有因子 CD 是相同的，故保留，其余的全部消去）

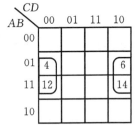

$\overline{A}B\overline{C}\,\overline{D}+AB\overline{C}\,\overline{D}+\overline{A}BC\overline{D}$
$+ABC\overline{D}=B\overline{D}$
（这四个相邻项中，只有因子 $B\overline{D}$ 是相同的，故保留，其余的全部消去）

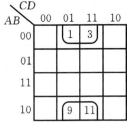

$\overline{A}\,\overline{B}\,\overline{C}D+\overline{A}\,\overline{B}CD+A\overline{B}\,\overline{C}D$
$+A\overline{B}CD=\overline{B}D$
（这四个相邻项中，只有因子 $\overline{B}D$ 是相同的，故保留，其余的全部消去）

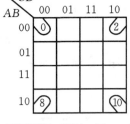

$\overline{A}\,\overline{B}\,\overline{C}\,\overline{D}+\overline{A}\,\overline{B}C\overline{D}+A\overline{B}\,\overline{C}\,\overline{D}$
$+A\overline{B}C\overline{D}=\overline{B}\,\overline{D}$
（这四个相邻项中，只有因子 $\overline{B}\,\overline{D}$ 是相同的，故保留，其余的全部消去）

图1-3　合并最小项（2）

③若八个小方块组成相邻的两行（或列），或组成始末的两行（或列），则可以合并成一项。合并时，只保留取值相同的一个变量，而消去其他三个变量，如图1-4所示。

$AB\overline{C}\,\overline{D}+AB\overline{C}D+ABCD+ABC\overline{D}$
$+A\overline{B}\,\overline{C}\,\overline{D}+A\overline{B}\,\overline{C}D+A\overline{B}CD+A\overline{B}C\overline{D}=A$
（这八个相邻项中，只有因子 A 是相同的，故保留，其余的全部消去）

$\overline{A}\,\overline{B}\,\overline{C}\,\overline{D}+\overline{A}\,\overline{B}\,\overline{C}D+\overline{A}\,\overline{B}CD+\overline{A}\,\overline{B}C\overline{D}$
$+A\overline{B}\,\overline{C}\,\overline{D}+A\overline{B}\,\overline{C}D+A\overline{B}C\overline{D}=\overline{B}$
（这八个相邻项中，只有因子 $\overline{B}$ 是相同的，故保留，其余的全部消去）

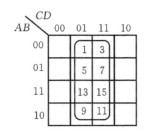

$$\overline{A}\,\overline{B}\,\overline{C}D+\overline{A}\,\overline{B}CD+\overline{A}B\,\overline{C}D+\overline{A}BCD$$
$$+AB\overline{C}D+ABCD+A\overline{B}\,\overline{C}D+A\overline{B}CD=D$$
（这八个相邻项中，只有因子 D 是相同的，故保留，其余的全部消去）

$$\overline{A}\,\overline{B}\,\overline{C}\,\overline{D}+\overline{A}\,\overline{B}C\,\overline{D}+AB\,\overline{C}\,\overline{D}+A\overline{B}\,\overline{C}\,\overline{D}$$
$$+\overline{A}B\overline{C}\,\overline{D}+\overline{A}BC\,\overline{D}+ABC\overline{D}+A\overline{B}C\overline{D}=\overline{D}$$
（这八个相邻项中，只有因子 $\overline{D}$ 是相同的，故保留，其余的全部消去）

图1-4　合并最小项（3）

（2）用卡诺图化简逻辑函数

例1.5 化简四变量函数 $Z=\sum m$（1，4，5，9，12，13）。

解：

第一步：画出函数的卡诺图，如图1-5所示。

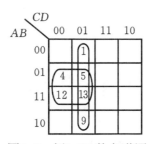

图1-5　例1.5函数卡诺图

第二步：合并最小项。

按照合并最小项的方法，把可以合并的相邻项分别圈起来。显然，m_4、m_5、m_{12}、m_{13}属相邻四项，可圈在一起，它们合并后得 $B\overline{C}$；m_1、m_5、m_{13}、m_9属同一列，可圈在一起，它们合并后得 $\overline{C}D$。

第三步：写出化简后的函数式。

只需将合并后的最简项相加，就可得到化简后的函数式：$Z=B\overline{C}+\overline{C}D$。

在卡诺图中画圈时，每一个圈应尽量大，圈的个数应尽量少，不能漏掉任何最小项，同一最小项可以多次被圈。

例1.6 化简函数 $Z=\overline{B}CD+B\overline{C}+\overline{A}\,\overline{C}D+A\overline{B}C$

解：先画函数的卡诺图，因函数是一个四变量函数，它的每一项都不是最小项，故应化成最小项。第一项中缺变量 A，应乘以（$A+\overline{A}$），也就是说，$\overline{B}CD$ 实际包含了 $A\overline{B}CD$ 和 $\overline{A}\,\overline{B}CD$（即 m_{11} 和 m_3）两个最小项；同理，$B\overline{C}$ 包含了 m_4、m_5、m_{12}、m_{13} 四个最小项；$\overline{A}\,\overline{C}D$ 包含了 m_1、m_5 两个最小项，$A\overline{B}C$ 包含了 m_{10}、m_{11} 两个最小项，这样就得到了如图1-6所示的卡诺图。

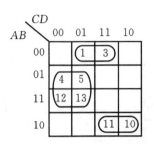

图1-6　例1.6函数卡诺图

将m_4、m_5、m_{12}、m_{13}合并成$B\bar{C}$，将m_1、m_3合并成$\bar{A}\,\bar{B}D$，将m_{10}、m_{11}合并成$A\bar{B}C$，故化简后的函数为

$$Z=B\bar{C}+\bar{A}\,\bar{B}D+A\bar{B}C$$

练一练

用卡诺图法化简函数：$F(A，B，C，D)=\sum m(0，3，4，5，7，11，13，15)$。

参考答案：

函数化简为$F=BD+CD+\bar{A}\,\bar{C}\,\bar{D}$

解题思路：先画卡诺图，然后填最小项，再圈图（如图1-7所示），最后写答案$F=BD+CD+\bar{A}\,\bar{C}\,\bar{D}$。

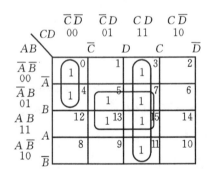

图1-7　练一练函数卡诺图

一、基本门电路

基本的逻辑关系可以归结为与、或、非三种。

利用图1-8（a）、（b）、（c）可以分别说明与、或、非三种逻辑关系。

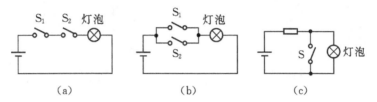

（a）　　　　　　　　（b）　　　　　　　　（c）

图1-8　基本逻辑电路

二、分立元件门电路

1.二极管与门电路

图1-9（a）是二极管与门电路，A、B为输入信号，假定它们的低电平为0V，高电平为+3V，Y为输出信号。

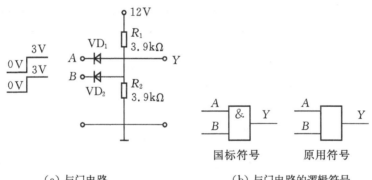

（a）与门电路　　　　　　　　（b）与门电路的逻辑符号

图1-9　与门电路及逻辑符号

逻辑功能：当所有的输入端都是高电平时，输出才是高电平，否则输出低电平。

与门电路的逻辑符号如图1-9（b）所示，其真值表见表1-5。

表1-5　与门真值表

A	B	Y
1	1	1
0	1	0
1	0	0
0	0	0

与门逻辑表达式：$Y=A \cdot B$。

与门电路的逻辑功能可以总结为：有0出0，全1出1。

2. 二极管或门电路

下图1-10（a）是二极管或门电路，其中 A、B 为输入信，号 Y 为输出信号。

逻辑关系：A、B 只要有一个输入端是高电平，输出就为高电平，只有所有的输入端都是低平时，输出才为低平。或门电路的逻辑符号如图1-10（b）所示。

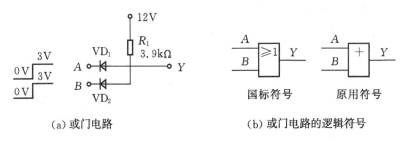

（a）或门电路　　　　　　　（b）或门电路的逻辑符号

图1-10　或门电路及逻辑符号

或门电路的真值表见表1-6。

表1-6　或门真值表

A	B	Y
1	1	1
0	1	1
1	0	1
0	0	0

或门逻辑表达式：$Y=A+B$。

或门电路的逻辑功能可以总结为：有1出1，全0出0。

3. 非门电路

非门电路如图1-11（a）所示。图1-11（b）是非门电路的逻辑符号。

逻辑关系：输入高电平时，输出为低电平；反之，输入低电平时，输出为高电平。

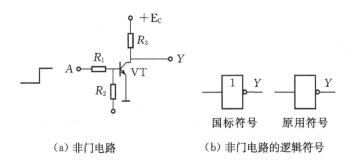

（a）非门电路　　　　　　　（b）非门电路的逻辑符号

图1-11　非门电路及逻辑符号

逻辑表达式：$Y=\overline{A}$（A 头上的"—"号代表非）。

非门电路的逻辑功能可以总结为：入0出1，入1出0。

4. 与非门电路

与非门电路（简称与非门）如图1-12（a）所示，虚线左边是一个二极管与门电路，右边是非门电路，所以它实际上是由一级与门和一级非门串联而成的。与非门电路的逻辑符号如图1-12（b）所示。

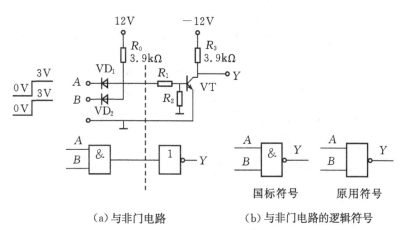

（a）与非门电路 　　　（b）与非门电路的逻辑符号

图1-12　与非门电路及逻辑符号

逻辑关系：只有当所有的输入端均为高电平时，输出才为低电平；若输入端有一个或几个为低电平时，输出就为高电平。

逻辑表达式：$Y=\overline{A \cdot B}$。

与非门电路的逻辑功能可总结为：有0出1，全1出0。

5. 或非门电路

或非门电路如图1-13（a）所示，或非门电路是由一级或门电路和一级非门电路串联而成的。或非门电路的逻辑符号如图1-13（b）所示。

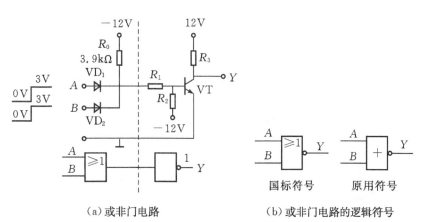

（a）或非门电路 　　　（b）或非门电路的逻辑符号

图1-13　或非门电路及逻辑符号

逻辑关系：输入端只要有一个或几个为高电平时，输出就为低电平，只有当输入端全部为低电平时，输出才为高电平。

其逻辑表达式：$Y=\overline{A+B}$。

或非门电路的逻辑功能可以总结为：有1出0，全0出1。

6. TTL异或门电路

异或门真值表和逻辑符号如图1-14所示。

A	B	Y
0	0	0
0	1	1
1	0	1
1	1	0

(a)异或门真值表　　(b)异或门的逻辑符号

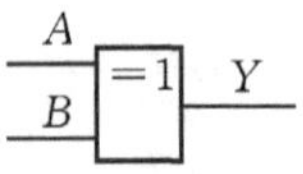

图1-14　异或门真值表及逻辑符号

逻辑关系：输入相同时，输出低电平；输入不同时，输出高电平。

异或门的逻辑表达式：$Y=A\cdot\overline{B}+\overline{A}\cdot B=A\oplus B$。

异或门的逻辑功能可以总结为：相同出0，相异出1。

练一练

根据 A、B 的值写出结果

门电路	A	B	Y
与门	1	1	
或门	0	1	
非门	1	0	
与非	0	0	

课后习题

一、填空题

1.逻辑变量是一种二值变量，只能取值_____或_____，仅用来表示两种截然不同的状态。

2.最基本的逻辑门是_____、_____、_____。

3.实现"非"运算的叫_____，也叫做_____。

4.逻辑门可以用电阻、电容、二极管、三极管等分立原件构成，成为_____。

5.逻辑门可以将门电路的所有器件及连接导线制作在同一块半导体基片上，构成_____电路。

二、判断题

1.数字电路的工作信号是在数值上和时间上连续变化的数字信号，通常称为脉冲信号。（　　）

2.在数字电路中基本逻辑关系只有与、或、非三种。（　　）

3.当决定一个事件的所有条件成立时，事件才会发生，这种逻辑关系称为或逻辑关系。（　　）

4.在决定一个事件发生的几个条件中，只要其中一个或者一个以上的条件成立，事件就会发生，这种逻辑关系称为与逻辑关系。（　　　）

实训一　逻辑电笔的安装与调试

工作任务描述

　　某公司需要一批检测高低逻辑电平的测电笔。要求检测到高电平时，显示绿色光；检测到低电平时，显示红色光；不工作时，显示黄色光。

工作流程与活动

　　1.明确任务
　　2.工作准备
　　3.现场施工
　　4.总结评价

学习活动1　明确工作任务

学习目标

　　1.了解与门、或门、非门等基本逻辑门的特性
　　2.会使用基本逻辑门设计相关的电路
　　3.会分析电路故障并解决相关问题

学习过程

　　根据任务单了解所要解决的问题，说出本次任务的工作内容等信息。

任务单

任务电路	逻辑电笔	电路形式	网孔板	型号规格	74LS00
制作数量	30只		小功率	额定电压	5V
施工项目	逻辑电笔的安装与调试				
开工时间		竣工时间			
验收时间		验收单位			
逻辑电笔基本原理介绍					

（1）根据任务单，查阅任务单中逻辑电笔电路的基本情况并填写。

（2）查阅并画出该型号电路的原理图。

（3）学习并掌握逻辑电笔电路工作原理。

学习活动2　工作准备

学习过程

1. 准备工具和器材

（1）工具

本次任务所需要的工具见表1-7。

表1-7　工具表

编号	名称	数量
1	直流电源	1
2	万用表	1
3	电烙铁	1
4	烙铁架	1
5	示波器	1
6	电子实训通用工具	1

（2）器材

本次任务所需要的元器件见表1-8。

表1-8　元器件明细表

代号	名称	规格	数量
R_1	电阻	15 kΩ	1
R_2	电阻	1 kΩ	1
R_3	电阻	150 Ω	1
R_4	电阻	150 Ω	1
R_5	电阻	150 Ω	1
D	开关管	IN4148	若干
IC	集成块	SN7400	若干
—	针座	14脚	1
LED	发光管	—	3

2. 元器件识别、检测和选用

利用万用表分别检测碳膜电阻、开关管的阻值并检测LED好坏，记录并与器材清单核对。

3. 环境要求与安全要求

（1）环境要求

①操作平台不允许放置其他器件、工具及杂物，要保持整洁。

②在操作过程中，工具与器件不得乱放，注意规范整齐，在万能板上安装元器件时，要注意前后，上下的位置。

③操作结束后，要将工位整理好，收拾好器材与工具，清理台面和地上杂物，关闭电源。

④将器材与工具分类放入工具箱，并摆放好凳子，方能离开。

（2）安装过程的安全要求

安装过程必须要有"安全第一"的意识，具体要求如下。

①进入实训室，劳保用品必须穿戴整齐。不穿绝缘鞋一律不准进入实训场地。

②电烙铁插头最好使用三极插头，要使外壳妥善接地。

③使用电烙铁前应仔细检查电源线是否有破损现象，电源插头是否损坏，并检查烙铁头有无松动。

④焊接过程中，电烙铁不能随处乱放。不焊时，应放在烙铁架上。注意烙铁头不可碰到电源线，以免烫坏绝缘层发生短路事故。

⑤使用结束后，应及时切断电源，拔下电源插头，待烙铁冷却后放入工具箱。

⑥实训过程应执行7S管理标准备，安全有序进行实训。

学习活动3　现场施工

学习过程

1. 逻辑电笔原理图

逻辑电笔原理图如图1-15所示。

2. 根据原理图进行电路的安装

根据"逻辑电笔原理图"，在万能板上进行安装的实物图如图1-16所示，具体安装与调试步骤如下。

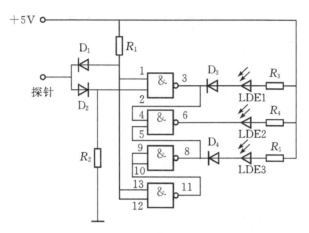

图1-15　逻辑电笔原理图

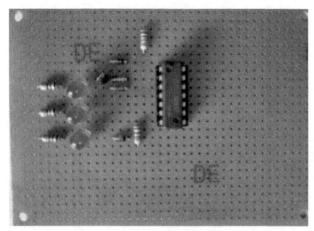

图1-16　逻辑电笔安装实物图

①对元器件进行检测，按工艺要求对元器件的引脚进行成形加工，参考图1-16所示实物图安装焊接电路。

②电路检查无误后接通5V电源。将探针接正5V电源，观察LED灯是否发光，将结果填入表中。

③将探针接电源负极，观察LED灯是否发光，将结果填入表1-9中。

表1-9　LED灯发光状态表

高电平	是否发光	低电平	是否发光	悬空	是否发光
LED1		LED1		LED1	
LED2		LED2		LED2	
LED3		LED3		LED3	

工作任务表

任务电路		第___组组长		完成时间	
基本电路安装	1.根据所给电路原理图，绘制电路接线图 2.根据接线图，安装并焊接电路				
电路调试	1.用万用表检测电路				

1.用万用表检测电路

高电平	是否发光	低电平	是否发光	悬空	是否发光
LED1		LED1		LED1	
LED2		LED2		LED2	
LED3		LED3		LED3	

2.根据测量结果，绘制真值表

学习活动4 总结评价

学习过程

一、小组自我评价

以小组为单位，组长检查本组成员完成情况，可指定本组任意成员将相关情况进行总结汇报。

二、小组互评

根据每个小组的完成情况给出各小组本任务的综合成绩，并根据人员汇报情况（表达方式、表达能力、创新能力、综合素质等）相应加分。

三、教师评价

教师根据各小组任务完成情况给出各小组本任务综合成绩。

学习任务评价表

序号	主要内容		考核要求	评分标准	配分	自我评价 10%	小组互评 40%	教师评价 50%
1	职业素质	劳动纪律	按时上下课，遵守实训现场规章制度	上课迟到、早退、不服从指导老师管理，或不遵守实训现场规章制度扣1~7分	7			
		工作态度	认真完成学习任务，主动钻研专业技能	上课学习不认真，不能按指导老师要求完成学习任务扣1~7分	7			
		职业规范	遵守电工操作规程及规范	不遵守电工操作规程及规范扣1~6分	6			
2	明确任务		填写工作任务相关内容	工作任务内容填写有错扣1~5分	5			
3	工作准备		1.按考核图提供的电路元器件，查出单价并计算元器件的总价，填写在元器件明细表中 2.检测元器件	正确识别和使用万用表检测各种电子元器件，元件检测或选择错误扣1~10分	10			

续表

序号	主要内容		考核要求	评分标准	配分	自我评价 10%	小组互评 40%	教师评价 50%
4	任务实施	安装工艺	1.按焊接操作工艺要求进行，会正确使用工具 2.焊点应美观、光滑牢固、锡量适中匀称，万能板的板面应干净整洁，引脚高度基本一致	1.万用表使用不正确扣2分 2.焊点不符合要求每处扣0.5分 3.桌面凌乱扣2分 4.元件引脚不一致每个扣0.5分	10			
		安装正确及测试	1.各元器件的排列应牢固、规范、端正、整齐、布局合理、无安全隐患 2.测试电压应符合原理要求 3.电路功能完整	1.元件布局不合理，安装不牢固，每处扣2分 2.布线不合理、不规范、接线松动、虚焊、脱焊、接触不良等每处扣1分 3.测量数据错误扣5分 4.电路功能不完整少一处扣10分	40			
		故障分析及排除	分析故障原因，思路正确，能正确查找故障并排除	1.实际排除故障中思路不清楚，每个故障点扣3分 2.每少查出一个故障点扣5分 3.每少排除一个故障点扣3分	10			
5	创新能力		工作思路、方法有创新	工作思路、方法没有创新扣5分	5			
指导教师签字：						年　月　日		

课题二

表决电路的安装与调试

在人类还没有普及电话的时候，最便捷最快的通信手段是发电报。而要识别这些电报数据，人们想到了对这些数据进行编码，于是编码器就这样诞生了。

知识准备

组合逻辑电路分析和设计方法：

1. 组合逻辑电路分析

分析组合逻辑电路，就是要求根据具体的组合逻辑图来确定输入和输出之间的逻辑关系及逻辑功能，具体步骤如图2-1所示。

例如，分析图2-1（a）所示的逻辑电路。

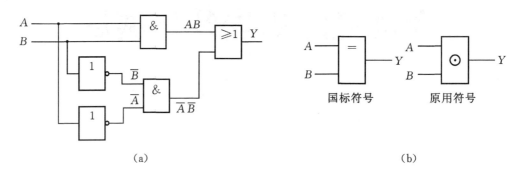

(a)　　　　　　　　　　　　　　　　(b)

图2-1　组合逻辑电路（1）及其逻辑符号

首先根据逻辑电路写出Y的表达式：$Y=AB+\overline{A}\,\overline{B}$。再根据表达式列出真值表2-1，最后确定逻辑功能。

表2-1　真值表

A	B	Y
0	0	1
0	1	0
1	0	0
1	1	1

当A、B相同时，Y为1；A、B不同时，Y为0。显然，这种电路的逻辑功能为：输入相同，输出为1；输入不同，输出为0。因此常常将这种逻辑电路称为同或门，其逻辑符号如上图2-1（b）所示。

2. 组合逻辑电路的设计方法

设计组合逻辑电路就是根据实际问题的要求来确定逻辑电路，其步骤如下所示。

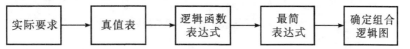

例如，要设计一个奇偶判断器，它的逻辑功能是：在三个输入端中有奇数个为高电平时，输出也为高电平；否则，输出为低电平。

设三个输入变量为 A、B、C，输出变量为 Y。根据题意，列出真值表，如表2-2所示。

表2-2 奇偶判断电路真值表

A	B	C	Y
0	0	0	0
0	0	1	1
0	1	0	1
0	1	1	0
1	0	0	1
1	0	1	0
1	1	0	0
1	1	1	1

由真值表可写出函数表达式：$Y=\overline{A}\ \overline{B}C+\overline{A}B\overline{C}+A\ \overline{B}\ \overline{C}+ABC$。

该函数已为最简，其对应的逻辑电路如图2-2所示。

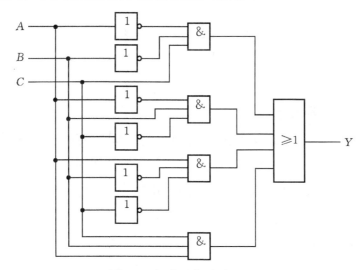

图2-2 组合逻辑电路（2）

任务三　编码器电路的安装与调试

把若干个0和1按一定的规律编排在一起形成不同的代码，就可以表示多个不同的信号，这个过程称为编码。

用来完成编码工作的数字电路，称为编码器。

1. 二进制编码器

将一般的信号编成二进制代码的电路称为二进制编码器。

一位二进制代码可以表示两个信号，两位二进制代码有00、01、10、11四种组合，因而可以表示四个信号。依次类推，用n位二进制代码，就可以表示2^n个不同的信号。

例如，要求把0、1、2、3、4、5、6、7这八个十进制数编成二进制代码。

第一步：选择输入、输出逻辑变量，绘制编码框图。

因为$2^3=8$，所以用三位二进制代码就足以表示0～7这八个十进制数，因此编码器方框图如图2-3所示。输入端为I_0～I_7，它们分别对应八个十进制数，输出端为C、B、A，它们组成三位二进制代码CBA（注意，C为高位，A为低位）。

图2-3　编码器方框图

第二步：列出编码表和真值表。

编码表是表示这八个十进制数字和二进制代码之间对应关系的表格。从编码表和设计要求可知，当I_0为1，I_1～I_7均为0时，代表输入字0，此时要求输出$CBA=000$，当$I_1=1$，$I_0=0$，I_2～$I_7=0$时，代表输入字1，此时要求输出$CBA=001$，这样可列出编码表和真值表。

第三步：写出逻辑函数表达式，并画出逻辑图。

根据真值表可写出函数表达式：

$$A=\overline{\overline{I_0}I_1\overline{I_2}\overline{I_3}\overline{I_4}\overline{I_5}\overline{I_6}\overline{I_7}+\overline{I_0}\overline{I_1}\overline{I_2}I_3\overline{I_4}\overline{I_5}\overline{I_6}\overline{I_7}+\overline{I_0}\overline{I_1}\overline{I_2}\overline{I_3}\overline{I_4}I_5\overline{I_6}\overline{I_7}+\overline{I_0}\overline{I_1}\overline{I_2}\overline{I_3}\overline{I_4}\overline{I_5}\overline{I_6}I_7}$$

由于任何时刻输入变量只有一个为1，从而上式化简为：

$$A=\overline{\overline{I_1}\cdot\overline{I_3}\cdot\overline{I_5}\cdot\overline{I_7}}$$

采用同样的方法可得：

$$B=\overline{\overline{I_2}\cdot\overline{I_3}\cdot\overline{I_6}\cdot\overline{I_7}}$$

$$C=\overline{\overline{I_4}\cdot\overline{I_5}\cdot\overline{I_6}\cdot\overline{I_7}}$$

根据逻辑表达式，可画出编码器电路原理图，如图2-4所示。由图2-4可以看出，I_0不见了，这是因为当$I_1\sim I_7$均为低电平时，输出为000，这恰好对应I_0为高电平时的编码。

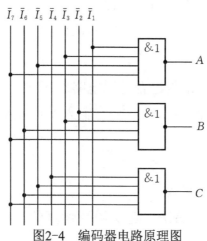

图2-4　编码器电路原理图

表2-3　三位二进制编码器真值表

十进制数	输入变量	C	B	A
0	I_0	0	0	0
1	I_1	0	0	1
2	I_2	0	1	0
3	I_3	0	1	1
4	I_4	1	0	0
5	I_5	1	0	1
6	I_6	1	1	0
7	I_7	1	1	1

2. 二 — 十进制编码器

将十进制数字0、1、2、3、4、5、6、7、8、9编为二-十进制代码的电路，称为二-十进制编码器。二-十进制代码也称为BCD代码，它用一组四位二进制代码来表示一位十进制数字。二-十进制编码器的设计过程与二进制编码器是一样的。

目前，不管是二进制编码器还是二-十进制编码器，均已集成化。例如，集成电路C304就是一块二-十进制编码器，能将0～9十个数字编成四位十进制代码。

课后习题

一、填空题

1.二-十进制译码器具有拒绝伪码的功能，所谓伪码是指_____6个码。当输入该6个码中的任意一个码时，$Y_0\sim Y_9$均为_____，即得不到译码输出，这就是拒绝伪码。

2.逻辑代数中的基本公式所反映的只是变量之间的_____关系，而不是_____之间的关系。

3.能将十进制数0～9编成二进制代码的电路，称为_____。

4.在进行逻辑运算时，需按照先括号、再算_____、最后算_____的顺序进行。

5.在卡诺图中，任何两个相邻的小方格中的最小项仅有一个_____不同。

二、判断题

1.译码器、编码器、全加器都是组合逻辑电路。（　　）

2.译码器的输入是二进制数码，输出是与输入数码相对应的具有特定含义的逻辑信号。（　　）

3.逻辑代数又称布尔代数。（　　）

4.逻辑代数的变量称为逻辑函数。（　　）

5.逻辑代数中有加减法和乘除法。逻辑函数运算的次序为：先括号，后乘除，再加减。（　　）

三、选择题

1.对于8421BCD码编码器，下面说法正确的是（　　）。

A. 10根输入线，4根输出线；　　　　　　　B. 16根输入线，4根输出线；

C. 4根输入线，16根输出线；　　　　　　　D. 4根输入线，10根输出线。

2.设逻辑表达式$F=\overline{A+B}+C=0$，则A、B、C分别为（　　）。

A. 0、0、0；　　　B. 1、0、0；　　　C. 0、1、1；　　　D. 1、0、1。

3.五位二进制数所能表示的最大十进制数为（　　）。

A. 31；　　　B. 32；　　　C. 64；　　　D. 63。

4.在逻辑函数的卡诺图化简中，若被合并的最小项数越多（画的圈越大），则说明化简后（　　）。

A. 乘积项个数越少；　　　B.实现该功能的门电路少；　　　C.该乘积项含因子少。

5.组合逻辑电路是由（　　）构成。

A. 门电路；　　　B. 译码器；　　　C. 编码器；　　　D. 加法器。

实训二　编码电路的安装与调试

工作任务描述

大家常用的计算机键盘下面就连接着编码器，每按下一个键，编码器就产生一个对应的二进制代码，以便计算机作出相应的处理。所以编码器输入的是被编码信号，输出的是对应的二进制代码。

工作流程与活动

1.明确任务
2.工作准备
3.现场施工
4.总结评价

学习活动1　明确工作任务

学习目标

1.了解与门、或门、非门等基本逻辑门的特性
2.会使用基本逻辑门设计相关的电路
3.会分析电路故障并解决相关问题

学习过程

根据任务单了解所要解决的问题，说出本次任务的工作内容等信息。

编号：0002　　　　　　　　　　　　**任务单**

任务电路	编码电路	电路形式	网孔板	型号规格	74LS148
制作数量	30只		小功率	额定电压	DC 5V
施工项目	编码电路的安装与调试				
开工时间		竣工时间			
验收时间		验收单位			
编码电路的基本原理介绍					

（1）根据任务单，查阅任务单中编码电路电路的基本情况并填写。

（2）查阅并画出该型号电路的原理图。

（3）学习并掌握编码电路的工作原理。

学习活动2　工作准备

学习过程

1. 准备工具和器材

（1）工具

本次任务所需要的工具见表2-4。

表2-4　工具

编号	名称	数量
1	直流电源	1
2	万用表	1
3	电烙铁	1
4	烙铁架	1
5	示波器	1
6	电子实训通用工具	1

（2）器材

本次任务所需要元器件见表2-5。

表2-5　元器件明细表

代号	名称	规格	数量
R_1—R_8	电阻	10 kΩ	8
R_9	电阻	1 kΩ	4
K_1—K_8	按钮	轻触按钮	8
LED	发光管	—	4
IC	集成块	74LS148	—
—	针座	16脚	4
—	多孔万能板	—	—

2. 元器件识别、检测和选用

利用万用表的分别检测判断碳膜电阻、开关管的阻值和检测LED好坏，记录并与器材清单核对。

3. 环境要求与安全要求

（1）环境要求

①操作平台不允许放置其他器件、工具及杂物，要保持整洁。

②在操作过程中，工具与器件不得乱放，注意规范整齐，在万能板上安装元器件时，要注意前后，上下的位置。

③操作结束后，要将工位整理好，收拾好器材与工具，清理台面和地上杂物，关闭电源。

④将器材与工具分类放入工具箱，并摆放好凳子，方能离开。

（2）安装过程的安全要求

安装过程必须要有"安全第一"的意识，具体要求如下。

①进入实训室，劳保用品必须穿戴整齐。不穿绝缘鞋一律不准进入实训场地。

②电烙铁插头最好使用三极插头，要使外壳妥善接地。

③使用电烙铁前应仔细检查电源线是否有破损现象，电源插头是否损坏，并检查烙铁头有无松动。

④焊接过程中，电烙铁不能随处乱放。不焊时，应放在烙铁架上。注意烙铁头不可碰到电源线，以免烫坏绝缘层发生短路事故。

⑤使用结束后，应及时切断电源，拔下电源插头，待烙铁冷却后放入工具箱。

⑥实训过程应执行7S管理标准备，安全有序进行实训。

学习活动3   现场施工

学习过程

1. 编码电路原理图如图2-5所示

2. 根据原理图进行电路的安装

在万能板上进行安装的实物图如图2-6所示，具体安装与调试步骤如下。

①对元器件进行检测，按工艺要求对元器件的引脚进行成形加工，参考图2-6所示实物图安装焊接电路。

②电路检查无误后接通5V电源。将探针接5V电源，观察LED灯发光情况，将结果填入表中。

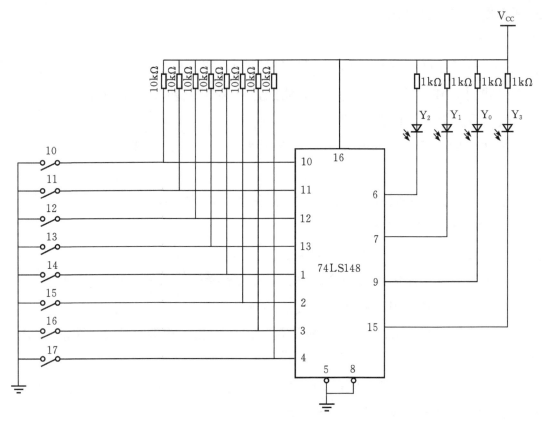

图2-5 编码电路原理图

图2-6 编码电路实物图

③按下按钮，观察LED灯发光情况，将结果填入表中。

工作任务表

任务电路			第___组 组长		完成 时间	

任务电路	内容
基本电路安装	1.根据所给电路原理图，绘制电路接线图 2.根据接线图，安装并焊接电路
电路调试	1.用万用表检测电路

I_0	是否发光	I_1	是否发光	I_2	是否发光
LED1		LED1		LED1	
LED2		LED2		LED2	
LED3		LED3		LED3	
LED4		LED4		LED4	
I_3	是否发光	I_4	是否发光	I_5	是否发光
LED1		LED1		LED1	
LED2		LED2		LED2	
LED3		LED3		LED3	
LED4		LED4		LED4	
I_6	是否发光	I_7	是否发光		
LED1		LED1		LED1	
LED2		LED2		LED2	
LED3		LED3		LED3	
LED4		LED4		LED4	

2.根据测量结果，绘制真值表

学习活动4　总结评价

学习过程

一、小组自我评价

以小组为单位，组长检查本组成员完成情况，可指定本组任意成员将相关情况进行总结汇报。

二、小组互评

根据每个小组的完成情况给出各小组本任务的综合成绩，并根据人员汇报情况（表达方式、表达能力、创新能力、综合素质等）相应加分。

三、教师评价

教师根据各小组任务完成情况给出各小组本任务综合成绩。

学习任务评价表

序号	主要内容		考核要求	评分标准	配分	自我评价 10%	小组互评 40%	教师评价 50%
1	职业素质	劳动纪律	按时上下课，遵守实训现场规章制度	上课迟到、早退、不服从指导老师管理，或不遵守实训现场规章制度扣1～7分	7			
		工作态度	认真完成学习任务，主动钻研专业技能	上课学习不认真，不能按指导老师要求完成学习任务扣1～7分	7			
		职业规范	遵守电工操作规程及规范	不遵守电工操作规程及规范扣1～6分	6			
2	明确任务		填写工作任务相关内容	工作任务内容填写有错扣1～5分	5			
3	工作准备		1.按考核图提供的电路元器件，查出单价并计算元器件的总价，填写在元器件明细表中 2.检测元器件	正确识别和使用万用表检测各种电子元器件，元件检测或选择错误扣1～10分	10			

续表

序号	主要内容		考核要求	评分标准	配分	自我评价10%	小组互评40%	教师评价50%
4	任务实施	安装工艺	1.按焊接操作工艺要求进行，会正确使用工具 2.焊点应美观、光滑牢固、锡量适中匀称，万能板的板面应干净整洁，引脚高度基本一致	1.万用表使用不正确扣2分 2.焊点不符合要求每处扣0.5分 3.桌面凌乱扣2分 4.元件引脚不一致每个扣0.5分	10			
		安装正确及测试	1.各元器件的排列应牢固、规范、端正、整齐、布局合理、无安全隐患 2.测试电压应符合原理要求 3.电路功能完整	1.元件布局不合理，安装不牢固，每处扣2分 2.布线不合理、不规范、接线松动、虚焊、脱焊接触不良等每处扣1分 3.测量数据错误扣5分 4.电路功能不完整少一处扣10分	40			
		故障分析及排除	分析故障原因，思路正确，能正确查找故障并排除	1.实际排除故障中思路不清楚，每个故障点扣3分 2.每少查出一个故障点扣5分 3.每少排除一个故障点扣3分	10			
5	创新能力		工作思路、方法有创新	工作思路、方法没有创新扣5分	5			
指导教师签字：						年　月　日		

练一练

设计一个电话机信号控制电路，有I_0（火警）、I_1（盗警）和I_2（日常业务）三种输入信号，通过排队电路分别从L_0、L_1、L_2输出，在同一时间只能有一个信号通过。如果同时有两个以上信号出现时，应首先接通火警信号，其次为盗警信号，最后是日常业务信号。试按照上述顺序设计该信号控制电路。要求用集成门电路7400（每片含4个2输入端与非门）实现。

解：（1）列真值表

输入			输出		
I_0	I_1	I_2	L_0	L_1	L_2
0	0	0	0	0	0
1	×	×	1	0	0
0	1	×	0	1	0
0	0	1	0	0	1

（2）由真值表写出各输出的逻辑表达式

$$L_0=I_0$$
$$L_1=\bar{I}_0 I_1$$
$$L_2=\bar{I}_0 \bar{I}_1 I_2$$

（3）根据要求，将上式转换为与非表达式

$$L_0=I_0$$
$$L_1=\overline{\overline{\bar{I}_0 I_1}}$$
$$L_2=\overline{\overline{\bar{I}_0 \bar{I}_1 I_2}}=\overline{\overline{\bar{I}_0 \bar{I}_1}\cdot I_2}$$

（4）请同学们试着画出逻辑图

任务四　数码显示电路的安装与调试

在编码过程中，每一组二进制代码都被赋予了一个特定的含意。译码器的作用就是将代码的原意"翻译"出来。译码器的种类很多，如二进制译码器、二—十进制译码器等。把8421BCD码译成相应的十进制码并用数码管显示出来的电路就叫译码显示电路。

下面以三位二进制译码器为例，来分析其功能及设计步骤。

二进制译码器就是将二进制代码按它的原意翻译成相对应的输出信号，其设计步骤如下。

第一步：分析设计要求。

三位二进制译码器的方框图如图2-7所示。它的输入是三位二进制代码，共有八种不同的组合，因此它的输出有八个信号。例如，输入$CBA=001$，则对应的输出端I_1为高电平，而其余的七个输出均为低电平。

图2-7　三位二进制译码器方框图

第二步：列真值表。

根据设计要求可列出真值表如表2-6所示。

表2-6　三位二进制译码器的真值表

C	B	A	I_0	I_1	I_2	I_3	I_4	I_5	I_6	I_7
0	0	0	1	0	0	0	0	0	0	0
0	0	1	0	1	0	0	0	0	0	0
0	1	0	0	0	1	0	0	0	0	0
0	1	1	0	0	0	1	0	0	0	0
1	0	0	0	0	0	0	1	0	0	0
1	0	1	0	0	0	0	0	1	0	0
1	1	0	0	0	0	0	0	0	1	0
1	1	1	0	0	0	0	0	0	0	1

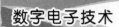

第三步：写出逻辑函数表达式，并画出逻辑电路图。

根据真值表可写出逻辑函数表达式：

$$I_0=\overline{C}\,\overline{B}\,\overline{A};\qquad I_1=\overline{C}\,\overline{B}A;\qquad I_2=\overline{C}B\overline{A};\qquad I_3=\overline{C}BA;$$
$$I_4=C\overline{B}\,\overline{A};\qquad I_5=C\overline{B}A;\qquad I_6=CB\overline{A};\qquad I_7=CBA。$$

根据逻辑函数表达式得出逻辑电路图2-8。

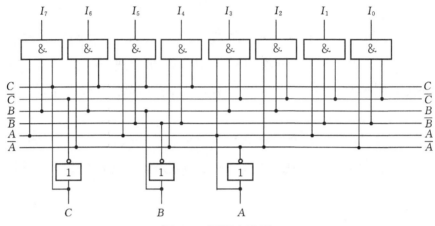

图2-8　逻辑电路图

练一练

将以上例子中原高电平输出有效改成低电平有效。

C	B	A	I_0	I_1	I_2	I_3	I_4	I_5	I_6	I_7
0	0	0								
0	0	1								
0	1	0								
0	1	1								
1	0	0								
1	0	1								
1	1	0								
1	1	1								

一、二进制译码器

二进制译码器74LS138是一种典型的二进制译码器，其实物图和引脚排列图如图2-9所示，真值表见表2-7。

（a）实物图

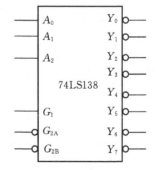

（b）引脚排列图

图2-9　二进制译码器74LS138

表2-7 74LS138真值表

输入					输出							
G_1	$\overline{G_{2A}}+\overline{G_{2B}}$	A_2	A_1	A_0	Y_0	Y_1	Y_2	Y_3	Y_4	Y_5	Y_6	Y_7
0	×	×	×	×	1	1	1	1	1	1	1	1
×	1	×	×	×	1	1	1	1	1	1	1	1
1	0	0	0	0	0	1	1	1	1	1	1	1
1	0	0	0	1	1	0	1	1	1	1	1	1
1	0	0	1	0	1	1	0	1	1	1	1	1
1	0	0	1	1	1	1	1	0	1	1	1	1
1	0	1	0	0	1	1	1	1	0	1	1	1
1	0	1	0	1	1	1	1	1	1	0	1	1
1	0	1	1	0	1	1	1	1	1	1	0	1

74LS138译码器有三个输入端，八个输出端，所以也称3线—8线译码器，属于完全译码器。A_2、A_1、A_0为三位二进制代码输入，Y_0到Y_7为八个译码输出，低电平有效，当某一信号为0时译码成功。G_1、G_{2A}、G_{2B}为选通控制，当$G_1=1$，$G_{2A}=G_{2B}=0$时，允许译码由输入代码A_2、A_1、A_0的取值组合使Y_0到Y_7中的某一位输出低电平。当三个选通控制信号中只要有一个不满足时，即当$G_1=0$或$G_{2A}=G_{2B}=0$时译码器禁止译码，输出全为高电平且为无用信号。

二、二—十进制译码器

将二—十进制代码翻译成十进制数的电路称为二—十进制译码器。常用的是8421BCD译码器。该译码有四个输入端，十个输出端，所以也称4线—10线译码器，属于部分译码器。

图2-10为8421BCD译码器74LS42的实物图和引脚排列图，真值表见表2-8，表中输出0为有效电平，1为无效电平。例如当$A_3A_2A_1A_0=0000$时，输出$\overline{Y_0}=0$。它对应的十进制数为0，其余输出依次类推。该译码器除了能把8421BCD码译成相应的十进制数码之外，还能拒绝伪码。所谓伪码，是指1010~1111六个码，当输入为该六个码中任一个时，输出均为1，即得不到译码输出，这就是伪码。

(a)实物图　　　　　　(b)引脚排列图

图2-10　8421BCD译码器74LS42

表2-8 74LS42真值表

序号	输入				输出									
	A_3	A_2	A_1	A_0	$\overline{Y}_0$	$\overline{Y}_1$	$\overline{Y}_2$	$\overline{Y}_3$	$\overline{Y}_4$	$\overline{Y}_5$	$\overline{Y}_6$	$\overline{Y}_7$	$\overline{Y}_8$	$\overline{Y}_9$
0	0	0	0	0	0	1	1	1	1	1	1	1	1	1
1	0	0	0	1	1	0	1	1	1	1	1	1	1	1
2	0	0	1	0	1	1	0	1	1	1	1	1	1	1
3	0	0	1	1	1	1	1	0	1	1	1	1	1	1
4	0	1	0	0	1	1	1	1	0	1	1	1	1	1
5	0	1	0	1	1	1	1	1	1	0	1	1	1	1
6	0	1	1	0	1	1	1	1	1	1	0	1	1	1
7	0	1	1	1	1	1	1	1	1	1	1	0	1	1
8	1	0	0	0	1	1	1	1	1	1	1	1	0	1
9	1	0	0	1	1	1	1	1	1	1	1	1	1	0
伪码	1	0	1	0	1	1	1	1	1	1	1	1	1	1
	1	0	1	1	1	1	1	1	1	1	1	1	1	1
	1	1	0	0	1	1	1	1	1	1	1	1	1	1
	1	1	0	1	1	1	1	1	1	1	1	1	1	1
	1	1	1	0	1	1	1	1	1	1	1	1	1	1
	1	1	1	1	1	1	1	1	1	1	1	1	1	1

三、七段显示译码器

数码管是由几个发光二极管组合在一起而形成的显示装置，组成数码管的每一个发光二极管称为数码管的"段"。以一位8段LED数码管为例，由7段组成一个"日"字形（如图2-11所示），分别定义为数码管的a、b、c、d、e、f、g段，另外再加上一个用于小数显示的小数点dp（或h）段。

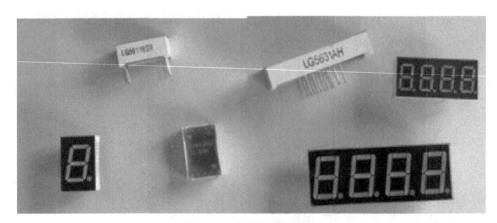

图2-11 数码管实物图

数码管根据不同码段之间的组合，显示数字0～9或简单的字符信息，如图2-12所示。

图2-12　数码管显示的字符信息

由于组成数码管的发光二极管自身具有极性，所以组成的数码管也有共阴极和共阳极之分，如图2-13所示。

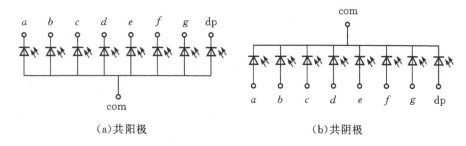

（a）共阳极　　　　　　　　　　　　　（b)共阴极

图2-13　发光二极管分为共阳极和共阴极

CD4511是一块用于驱动共阴极LED数码管显示器的BCD码—七段译码器，有七段译码、消隐和锁存控制功能。其内部有上拉电阻，在输出端串联限流电阻后与数码管驱动端相连，就能实现对LED显示器的直接驱动。

图2-14中，$A_0A_1A_2A_3$为4线输入（4位8421BCD码），$a\sim g$为七段码输出，输出为高电平有效。功能端BI是消隐输入控制端，当$BI=0$时，不管其他输入端状态如何，七段数码管均处于熄灭状态，不显示数字。$\overline{LT}$是测试输入端，当$\overline{BI}=1$，$\overline{LT}=0$时，译码输出全为1，不管输入$A_0A_1A_2A_3$状态如何，7段均发亮，显示"8"，它主要用来检测数码管是否损坏。LE为锁定控制端，当$LE=0$时，允许译码输出。$LE=1$时译码器是锁定状态，译码器输出被保持在$LE=0$时的数值。CD4511的真值表如表2-9所示。

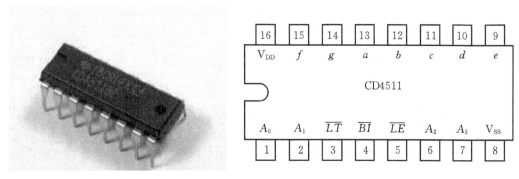

图2-14　七段译码器

表2-9　CD4511的真值表

输入							输出							
LE	$\overline{BI}$	$\overline{LI}$	A_3	A_2	A_1	A_0	a	b	c	d	e	f	g	显示字形
×	×	0	×	×	×	×	1	1	1	1	1	1	1	日
×	0	1	×	×	×	×	0	0	0	0	0	0	0	消隐
0	1	1	0	0	0	0	1	1	1	1	1	1	0	0
0	1	1	0	0	0	1	0	1	1	0	0	0	0	1
0	1	1	0	0	1	0	1	1	0	1	1	0	1	2
0	1	1	0	0	1	1	1	1	1	1	0	0	1	3
0	1	1	0	1	0	0	0	1	1	0	0	1	1	4
0	1	1	0	1	0	1	1	0	1	1	0	1	1	5
0	1	1	0	1	1	0	0	0	1	1	1	1	1	6
0	1	1	0	1	1	1	1	1	1	0	0	0	0	7
0	1	1	1	0	0	0	1	1	1	1	1	1	1	8
0	1	1	1	0	0	1	1	1	1	0	0	1	1	9
0	1	1	1	0	1	0	0	0	0	0	0	0	0	消隐
0	1	1	1	0	1	1	0	0	0	0	0	0	0	消隐
0	1	1	1	1	0	0	0	0	0	0	0	0	0	消隐
0	1	1	1	1	0	1	0	0	0	0	0	0	0	消隐
0	1	1	1	1	1	0	0	0	0	0	0	0	0	消隐
0	1	1	1	1	1	1	0	0	0	0	0	0	0	消隐
1	1	1	×	×	×	×	锁存							消隐

课后习题

1. 74LS138有_____个输入端，_____个输出端，所以也称_____线—_____线译码器，属于完全译码器。

2. 译码有4个输入端，10个输出端，所以也称_____线译码器，属于部分译码器。

3. 分别画出74LS138和74LS42的引脚图。

4. G_1、G_{2A}、G_{2B}为选通控制，当_____时，允许译码，由输入代码A_2、A_1、A_0的取值组合使_____中的某一位输出低电平。当3个选通控制信号中只要有_____不满足时，译码器禁止译码，输出皆为无用信号。

5. 图2-10为8421BCD译码器74LS42的实物图和引脚排列图，真值表见表2-8，表中输出_____为有效电平，_____为无效电平。例如当$A_3A_2A_1A_0=0000$时，输出$Y_0=0$。它对应的十进制数为_____。

6. 数码管的发光二极管自身具有极性，所以组成的数码管也有_____和_____之分。

7. CD4511是一块用于驱动共阴极LED数码管显示器的BCD码—七段译码器，有_____功能。

8. 画出CD4511引脚功能图。

工作情境描述

在计算器及测量仪表，如电子表、数字温度计、数字万用表中，常需要把译码结果用人们习惯的十进制数码的字形显示出来。因此，必须用译码器的输出驱动显示器件，具有这种功能的译码器称为数字显示器。请同学们设计一个数码显示电路，要求显示0~9这十个数。

工作流程与活动

1.明确任务

2.工作准备

3.现场施工

4.总结评价

学习活动1　明确工作任务

学习目标

1.了解译码器和数码管的逻辑功能

2.了解译码器和数码管的引脚功能和使用方法

3.进一步掌握数字电路逻辑关系的检测方法

学习过程

根据任务单了解所要解决的问题，说出本次任务的工作内容、时间要求等信息。

编号：0003　　　　　　　　　　　**任务单**

设备名称	数码显示电路	制造厂家		型号规格	
设备台数	30			额定电压	5 V
施工项目	数码显示电路的安装与测试				
开工时间		竣工时间		施工单位	
验收时间		验收单位		接收单位	
数码显示电路的原理介绍					

（1）根据任务单，查阅任务单中设备的基本情况并填写。

（2）查阅LED数码管和CD4511的具体技术参数。

（3）学习并掌握数码显示电路工作原理。

学习活动2　工作准备

学习过程

1. 准备工具和器材

（1）工具

本次任务所需要的工具见表2-10。

表2-10　工具

编号	名称	数量
1	双踪示波器	1
2	万用表	1
3	焊接工具	1
4	测电笔	1
5	电子实训通用工具	1

（2）器材

本次任务所需要器材见表2-11。

表2-11　器材

编号	名称	规格	数量
1	万能板	8 mm×8 mm	1
2	集成电路插座	DIP16	1
3	集成电路	CD4511集成电路	1
4	电阻	1 kΩ	4
5	电阻	300	7
6	焊接材料	焊锡丝、松香助焊剂、连接导线等	1
7	数码管	BS202	1
8	发光管	LED	4

2. 根据以上所列器材，分别查出各元件的价格，并核算出总价

3. 环境要求与安全要求

（1）环境要求

①操作平台不允许放置其他器件、工具及杂物，要保持整洁。

②在操作过程中，工具与器件不得乱放，注意规范整齐，在万能板上安装元器件时，要注意前后，上下的位置。

③操作结束后，要将工位整理好，收拾好器材与工具，清理台面和地上杂物，关闭电源。

④将器材与工具分类放入工具箱并摆放好凳子，方能离开。

（2）安装过程的安全要求

安装过程必须要有"安全第一"的意识，具体要求如下。

①进入实训室，劳保用品必须穿戴整齐。不穿绝缘鞋一律不准进入实训场地。

②电烙铁插头最好使用三极插头，要使外壳妥善接地。

③使用电烙铁前应仔细检查电源线是否有破损现象，电源插头是否损坏，并检查烙铁头有无松动。

④焊接过程中，电烙铁不能随处乱放。不焊时，应放在烙铁架上。注意烙铁头不可碰到电源线，以免烫坏绝缘层发生短路事故。

⑤使用结束后，应及时切断电源，拔下电源插头，待烙铁冷却后放入工具箱。

⑥实训过程应执行7S管理标准备，安全有序进行实训。

学习活动3　现场施工

学习过程

1. 数码显示电路原理图（见图2-15）

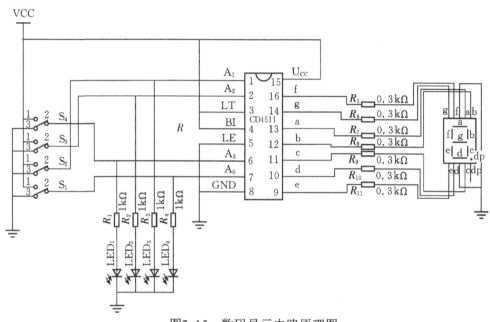

图2-15　数码显示电路原理图

2. 根据图纸进行电路的安装与测试（见图2-16）

在万能板上进行安装与测试，具体步骤如下。

①制作要求：接通电源，分别按下抢答器的抢答键，如果电路工作正常，数码管显示抢答成功者的号码。

②根据实际逻辑条件确定输入、输出变量，然后列出真值表。

③根据真值表列出最小项表达式。

④对最小项逻辑表达式进行化简，得到最简表达式。

⑤把最简表达式转换成与非—与非表达式。

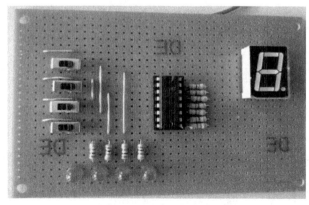

图2-16　电路安装图

工作任务表

任务电路		第___组组长		完成时间	
基本电路安装	1.根据所给电路原理图，绘制电路接线图				
	2.根据接线图，安装并焊接电路				
电路调试	1.用万用表检测电路				
	2.根据测量结果，绘制真值表				

学习活动4 总结评价

学习过程

一、小组自我评价

以小组为单位，组长检查本组成员完成情况，可任意指定本组成员将相关情况进行总结汇报。

二、小组互评

根据每个小组的完成情况给出各小组本任务的综合成绩，并根据人员汇报情况（表达方式、表达能力、创新能力、综合素质等）相应加分。

三、教师评价

教师根据各小组任务完成情况给出各小组本任务综合成绩。

学习任务评价表

序号	主要内容		考核要求	评分标准	配分	自我评价10%	小组互评40%	教师评价50%
1	职业素质	劳动纪律	按时上下课，遵守实训现场规章制度	上课迟到、早退、不服从指导老师管理，或不遵守实训现场规章制度扣1～7分	7			
		工作态度	认真完成学习任务，主动钻研专业技能	上课学习不认真，不能按指导老师要求完成学习任务扣1～7分	7			
		职业规范	遵守电工操作规程及规范	不遵守电工操作规程及规范扣1～6分	6			
2	明确任务		填写工作任务相关内容	工作任务内容填写有错扣1～5分	5			
3	工作准备		1.按考核图提供的电路元器件，查出单价并计算元器件的总价，填写在元器件明细表中 2.检测元器件	正确识别和使用万用表检测各种电子元器件，元件检测或选择错误扣1～5分	10			
4	任务实施	安装工艺	1.按焊接操作工艺要求进行，会正确使用工具 2.焊点应美观、光滑牢固、锡量适中匀称，万能板的板面应干净整洁，引脚高度基本一致	1.万用表使用不正确扣2分 2.焊点不符合要求每处扣0.5分 3.桌面凌乱扣2分 4.元件引脚不一致每个扣0.5分	10			
		安装正确及测试	1.各元器件的排列应牢固、规范、端正、整齐、布局合理、无安全隐患 2.测试电压应符合原理要求 3.电路功能完整	1.元件布局不合理，安装不牢固，每处扣2分 2.布线不合理、不规范、接线松动、虚焊、脱焊接触不良等每处扣1分。 3.测量数据错误扣5分。 4.电路功能不完整少一处扣10分	40			
		故障分析及排除	分析故障原因，思路正确，能正确查找故障并排除	1.实际排除故障中思路不清楚，每个故障点扣3分 2.每少查出一个故障点扣5分 3.每少排除一个故障点扣3分	10			
5	创新能力		工作思路、方法有创新	工作思路、方法没有创新扣5分	5			
指导教师签字：							年　月　日	

任务五　加法器及表决电路

知识准备

计算器是很重要的运算工具，我们日常生活中常见的计算工具如图2-17所示。计算器是利用什么原理制造出来的？这就涉及到加法器的知识，因为加法器是计算器中最基本的运算单元。

图2-17　计算工具

1. 半加器

首先来看看两个一位二进制数相加的情况。因为每个数有0和1两种状态，所以相加时有四种可能的情况，如表2-12所示，其中S_n表示和，C_n表示进位，A_n、B_n表示两个加数。

表2-12　半加器真值表

A_n	B_n	S_n	C_n
0	0	0	0
0	1	1	0
1	0	1	0
1	1	0	1

由表2-12可知，这里只考虑了两个加数本身，没有考虑由低位来的进位，所以把这种加法运算称为半加，并把实现这种运算的电路称为半加器。根据表2-12可以写出半加器输出及进位的逻辑函数表达式：

$$S_n=A_n\overline{B}_n+\overline{A}_nB_n=A_n\oplus B_n$$

$$C_n=A_nB_n$$

其中，"$\oplus$"代表半加，也就是异或运算符。

根据半加器的逻辑函数表达式，可以得到图2-18（a）所示的半加器的逻辑图，图2-18（b）是半加器的逻辑符号。

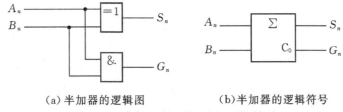

（a）半加器的逻辑图　　　　　　（b）半加器的逻辑符号

图2-18　半加器的逻辑图和逻辑符号

2. 全加器

全加器不但考虑两数相加，而且还考虑低位来的进位相加问题。在全加器中，两个加数及来自低位的进位三者相加，再输出运算结果。

全加器的真值表如表2-13所示，A_n、B_n表示两个加数，C_{n-1}表示来自低位的进位，S_n表示相加后得到的和，C_n表示向高位发出的进位。

表2-13　全加器真值表

A_n	B_n	C_{n-1}	S_n	C_n
0	0	0	0	0
0	0	1	1	0
0	1	0	1	0
0	1	1	0	1
1	0	0	1	0
1	0	1	0	1
1	1	0	0	1
1	1	1	1	1

根据真值表可得到S_n和C_n的逻辑表达式。

$$S_n=\overline{A}_n\overline{B}_nC_{n-1}+\overline{A}_nB_n\overline{C}_{n-1}+A_n\overline{B}_n\overline{C}_{n-1}+A_nB_nC_{n-1}$$

$$C_n=A_nB_n+A_nC_{n-1}+B_nC_{n-1}$$

根据逻辑函数可画出全加器的逻辑图，如图2-19（a）所示。图2-19（b）为全加器的逻辑符号。

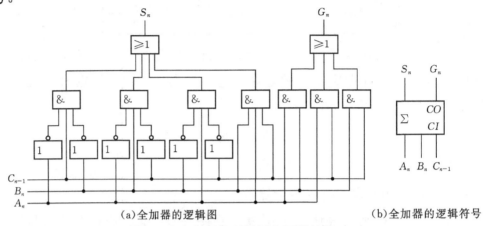

（a）全加器的逻辑图　　　　　　　　（b）全加器的逻辑符号

图2-19　全加器的逻辑图和逻辑符号

表决电路的设计过程的基本步骤如下：

设计一个三人表决电路，结果按"少数服从多数"的原则决定。

解：（1）列真值表

表2-14　三人表决电路真值表

A B C	Y
0　0　0	0
0　0　1	0
0　1　0	0
0　1　1	1
1　0　0	0
1　0　1	1
1　1　0	1
1　1　1	1

（2）由真值表写出逻辑表达式

$$Y=\overline{A}BC+A\overline{B}C+AB\overline{C}+ABC$$

（3）化简

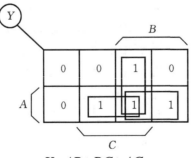

$$Y=AB+BC+AC$$

（4）画出逻辑图（见图2-20）。

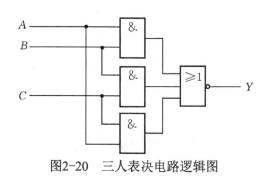

图2-20　三人表决电路逻辑图

课后习题

一、填空

1.真值表是由_____和_____所组成的表格。

2.异或逻辑关系是指_____在它们相同时没有输出，在它们不同时一定输出，实现这种逻辑关系的电路叫做_____。

3.在使用多个OC门时，可将它们_____联使用，共用一个_____，这时电路起到_____逻辑关系的作用。在实际应用中，OC门不仅可实现_____逻辑，而且可实现_____的转换。

4.三态门的输出端可以输出_____、_____、_____三种状态。

5.最简与或表达式的条件是：在不改变逻辑关系的情况下，首先是_____的个数最少，其次是每一个乘积项中变量的_____最少。

二、判断题

1.译码器、编码器、全加器都是组合逻辑电路。（　　）

2.译码器的输入是二进制数码，输出是与输入数码相对应的具有特定含义的逻辑信号。（　　）

3.逻辑代数又称布尔代数。（　　）

4.逻辑代数的变量称为逻辑函数。（　　）

5.逻辑代数中有加减法和乘除法。逻辑函数运算的次序为：先括号，后乘除，再加减。（　　）

实训四　表决电路的安装与调试

工作情境描述

请同学们设计一个表决器，功能要求：三个人各控制A、B、C三个按键中一个，以少数服从多数的原则表决事件，按下表示同意，否则为不同意。若表决通过，发光二极管点亮，否则不亮。如图2-21所示为各类型表决器。

图2-21　各类型表决器

工作流程与活动

1.明确任务

2.工作准备

3.现场施工

4.总结评价

学习活动1　明确工作任务

学习目标

1.了解组合逻辑电路的一般分析方法和设计方法

2.了解编码器、译码器典型集成电路的引脚功能和使用方法

3.能根据电路图安装表决器、数码显示器等组合逻辑电路

学习过程

根据任务单了解所要解决的问题，说出本次任务的工作内容、时间要求等信息。

编号：0004　　　　　　　　　　　　**任务单**

设备名称	表决器	制造厂家		型号规格	
设备台数	30			额定电压	5 V
施工项目	三人表决器的安装与测试				
开工时间		竣工时间		施工单位	
验收时间		验收单位		接收单位	
表决电路的基本情况介绍					

（1）根据任务单，查阅任务单中设备的基本情况并填写。

（2）查阅CD4012的具体技术参数。

（3）学习并掌握三人表决电路工作原理。

学习活动2　工作准备

学习过程

1. 准备工具和器材

（1）工具

本次任务所需要的工具见表2-15。

表2-15　工具

编号	名称	数量
1	双踪示波器	1
2	万用表	1
3	焊接工具	1
4	测电笔	1
5	电子实训通用工具	1

（2）器材

本次任务所需要器材见表2-16。

表2-16　器材

编号	名称	规格	数量
1	万能板	8mm×8 mm	1
2	集成电路插座	DIP14	3
3	集成电路	双四入与非门CD4012	2
		OC门ULN2003AN	1
4	电阻	47 kΩ	6
		27 kΩ	1
		2.7 kΩ	1
5	电容器	0.01 μF	3
6	双位按钮开关	—	3
7	发光二极管	—	4
8	焊接材料	焊锡丝、松香助焊剂、连接导线等	1

2. 根据以上所列器材，分别查出各元件的价格，并核算出总价

3. 环境要求与安全要求

（1）环境要求

①操作平台不允许放置其他器件、工具及杂物，要保持整洁。

②在操作过程中，工具与器件不得乱放，注意规范整齐，在万能板上安装元器件时，要注意前后，上下的位置。

③操作结束后，要将工位整理好，收拾好器材与工具，清理台面和地上杂物，关闭电源。

④将器材与工具分类放入工具箱，并摆放好凳子，方能离开。

（2）安装过程的安全要求

安装过程必须要有"安全第一"的意识，具体要求如下。

①进入实训室，劳保用品必须穿戴整齐。不穿绝缘鞋一律不准进入实训场地。

②电烙铁插头最好使用三极插头，要使外壳妥善接地。

③使用电烙铁前应仔细检查电源线是否有破损现象，电源插头是否损坏，并检查烙铁头有无松动。

④焊接过程中，电烙铁不能随处乱放。不焊时，应放在烙铁架上。注意烙铁头不可碰到电源线，以免烫坏绝缘层发生短路事故。

⑤使用结束后，应及时切断电源，拔下电源插头，待烙铁冷却后放入工具箱。

⑥实训过程应执行7S管理标准备，安全有序进行实训。

学习活动3　现场施工

学习过程

1. 三人表决器原理图见图2-22

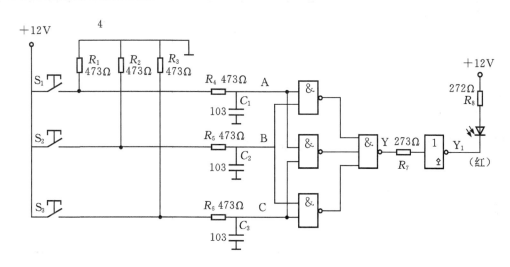

图2-22　三人表决器原理图

2. 根据图纸进行电路的安装

根据图2-22，在万能板上进行安装与测试，具体步骤如下。

①制作要求。有A、B、C三名裁判，在对有争议的问题进行表决时，当有两位以上裁判同意时表决通过，试用与非门实现该表决电路。

②根据实际逻辑条件确定输入、输出变量，然后列出真值表。

③根据真值表列出最小项表达式。

④对最小项逻辑表达式进行化简，得到最简表达式。

⑤把最简表达式转换成与非—与非表达式。

3. 电路的安装与测试

工作任务表

任务电路		第___组组长		完成时间	
基本电路安装	1.根据所给电路原理图,绘制电路接线图 2.根据接线图,安装并焊接电路				
电路调试	1.电路调试 2.根据测量结果,绘制真值表				

学习活动4   总结评价

学习过程

一、小组自我评价

　　以小组为单位,组长检查本组成员完成情况,可任意指定本组成员将相关情况进行总结汇报。

二、小组互评

　　根据每个小组的完成情况给出各小组本任务的综合成绩,并根据人员汇报情况(表达方式、表达能力、创新能力、综合素质等)相应加分。

三、教师评价

教师根据各小组任务完成情况给出各小组本任务综合成绩。

学习任务评价表

序号	主要内容		考核要求	评分标准	配分	自我评价 10%	小组互评 40%	教师评价 50%
1	职业素质	劳动纪律	按时上下课，遵守实训现场规章制度	上课迟到、早退、不服从指导老师管理，或不遵守实训现场规章制度扣1～7分	7			
		工作态度	认真完成学习任务，主动钻研专业技能	上课学习不认真，不能按指导老师要求完成学习任务扣1～7分	7			
		职业规范	遵守电工操作规程及规范	不遵守电工操作规程及规范扣1～6分	6			
2	明确任务		填写工作任务相关内容	工作任务内容填写有错扣1～5分	5			
3	工作准备		1.按考核图提供的电路元器件，查出单价并计算元器件的总价，填写在元器件明细表中 2.检测元器件	正确识别和使用万用表检测各种电子元器件，元件检测或选择错误扣1～10分	10			
4	任务实施	安装工艺	1.按焊接操作工艺要求进行，会正确使用工具 2.焊点应美观、光滑牢固、锡量适中匀称，万能板的板面应干净整洁，引脚高度基本一致	1.万用表使用不正确扣2分 2.焊点不符合要求每处扣0.5分 3.桌面凌乱扣2分 4.元件引脚不一致每个扣0.5分	10			
		安装正确及测试	1.各元器件的排列应牢固、规范、端正、整齐、布局合理、无安全隐患 2.测试电压应符合原理要求 3.电路功能完整	1.元件布局不合理，安装不牢固，每处扣2分 2.布线不合理、不规范、接线松动、虚焊、脱焊接触不良等每处扣1分 3.测量数据错误扣5分 4.电路功能不完整少一处扣10分	40			
		故障分析及排除	分析故障原因，思路正确，能正确查找故障并排除	1.实际排除故障中思路不清楚，每个故障点扣3分 2.每少查出一个故障点扣5分 3.每少排除一个故障点扣3分	10			
5	创新能力		工作思路、方法有创新	工作思路、方法没有创新扣5分	5			
指导教师签字：						年　月　日		

课题三

四人抢答器电路的安装与调试

任务六　四人抢答器电路的安装与调试

知识准备

在生活中我们经常见到抢答器，例如四人抢答器，当四人同时按下抢答按钮，最快的被触发，并能记录下来。下面来认识一下实际生活中的抢答器，如图3-1所示。

图3-1　生活中的抢答器

一、触发器的类型

触发器是组成存储电路的基本单元。

1. 基本RS触发器

（1）电路结构

基本RS触发器的逻辑电路图及逻辑符号如图3-2所示。它是由两个与非门G_1和G_2交叉耦合组成的，图3-2中$\overline{R}_d$、$\overline{S}_d$表示负脉冲触发，逻辑符号中输入端的小圆圈表示用负脉冲触发。

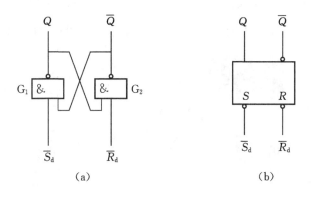

（a）   （b）

图3-2　RS触发器的逻辑电路图及逻辑符号

（2）逻辑功能分析

基本RS触发器有两个稳定状态：一个是门G_1导通、门G_2截止，输出端$Q=0$，$\overline{Q}=1$，称为触发器的0态；另一个稳定状态是门G_1截止、门G_2导通，输出端$Q=1$、$\overline{Q}=0$，称为触发器的1态。

基本RS触发器的状态真值见表3-1，表中Q_n表示触发器的现态，Q_{n+1}表示触发器受触发脉冲作用后的下一个状态（简称次态）。

表3-1　基本RS触发器状态真值表

$\overline{S}_d$	$\overline{R}_d$	Q_n	Q_{n+1}	备注
1	1	0	0	保持状态不变
0	1	0	1	置1态
1	0	0	0	置0态
0	0	0	不定	不允许
1	1	1	1	保持状态不变
0	1	1	1	置1态
1	0	1	0	置0态
0	0	1	不定	不允许

由表3-1可知，基本RS触发器的功能为：

当$\overline{S}_d=1$、$\overline{R}_d=1$时，电路状态维持不变；

当$\overline{S}_d=0$、$\overline{R}_d=1$时，电路置1态；

当$\overline{S}_d=1$、$\overline{R}_d=0$时，电路置0态；

不允许出现$\overline{S}_d=0$、$\overline{R}_d=0$时的情况。

练一练：同学们画一下基本的RS触发器电路图。

2. 同步RS触发器

（1）电路结构

在基本RS触发器的基础上增添两个门G_3、G_4构成同步RS触发器，如图3-3（a）所示，它的逻辑符号如图3-3（b）所示。图中，S、R表示输入触发脉冲，CP表示时钟脉冲。

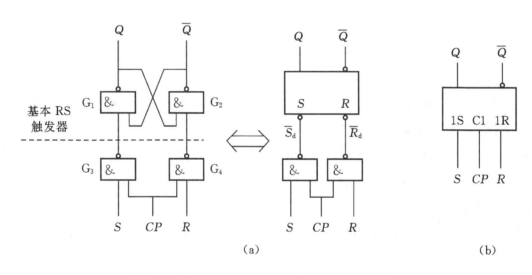

图3-3 同步RS触发器的逻辑电路图及逻辑符号

（2）逻辑功能分析

当没有时钟信号时（即$CP=0$），触发器的状态不变。若$CP=1$，则触发器的状态将受S、R状态的控制而被置0或置1。

当$S=1$，$R=0$时，触发器被置1，即$Q=1$，$\overline{Q}=0$；

若$R=1$，$S=0$时，触发器被置0，即$Q=0$，$\overline{Q}=1$；

若$R=0$，$S=0$时，触发器状态不变；

若$R=1$，$S=1$时，触发器状态不定，因此要求$S \cdot R=0$。

3. 主从RS触发器（同步RS触发器）

主从RS触发器的逻辑电路图及逻辑符号分别如图3-4（a）、（b）所示，它是由两个同步RS触发器加上一个反相器构成的。下面的触发器称为主触发器，上面的触发器称为从触发器。

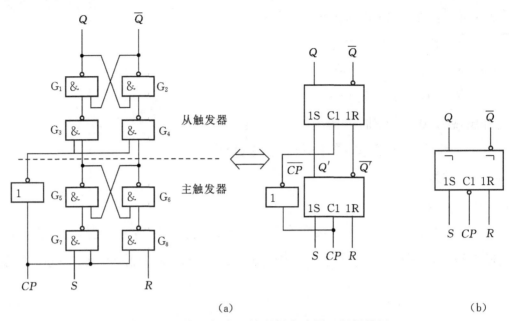

(a)　　　　　　　　　　(b)

图3-4　主从RS触发器的逻辑电路图及逻辑符号

主从触发器是分两步工作的：

第一步，在$CP=1$时，主触发器将根据输入信号R、S的状态，被置1或0。相当于输入信号存入主触发器，从触发器状态不变。

第二步，在$CP=0$时，从触发器将按照主触发器所处的状态被置1或0。相当于主触发器控制从触发器翻转，而主触发器保持状态不变，不受输入信号的影响。

4. D触发器

D触发器的逻辑电路图如图3-5（a）所示，图3-5（b）是它的逻辑符号。

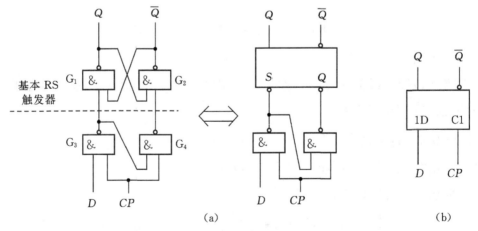

(a)　　　　　　　　　　(b)

图3-5　D触发器的逻辑电路图及逻辑符号

当$CP=1$时，若$D=1$，门G_3输出低电平，门G_4输出高电平，所以$Q=1$；若$D=0$，则门G_3输出高电平，门G_4输出低电平，故$Q=0$。

D触发器的输出状态仅仅取决于时钟脉冲为1期间的输入端D的状态，即：在$CP=1$期间，若$D=0$，则$Q_{n+1}=0$；若$D=1$，则$Q_{n+1}=1$。

D触发器也可以用JK触发器转换而成，如图3-6所示。

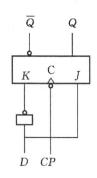

图3-6　JK触发器转换成D触发器

5. T触发器

T触发器的逻辑符号如图3-7所示。 T触发器的逻辑功能比较简单，当控制端$T=1$时，每来一个时钟脉冲，它都要翻转一次；而在$T=0$时，保持原状态不变。

在T恒为1的情况下，只要有时钟脉冲到达，触发器的状态就要翻转。所以常将$T=1$时的T触发器叫T′触发器。

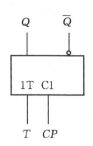

图3-7　T触发器的逻辑符号

6.JK触发器

JK触发器的逻辑电路图及逻辑符号如图3-8所示，它有两个输入端J和K。

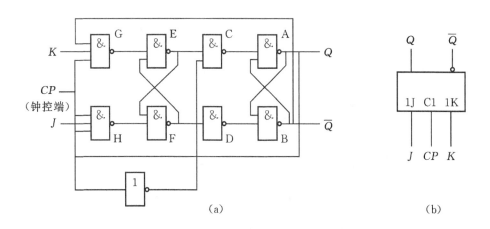

图3-8　JK触发器的逻辑电路图及逻辑符号

JK触发器的逻辑功能为：

若$J=1$，$K=0$，则CP脉冲作用后，$Q^{n+1}=1$；

若$J=0$，$K=1$，则CP脉冲作用后，$Q^{n+1}=0$；

若$J=K=1$，则CP脉冲作用后，触发器翻转，即$Q^{n+1}=\overline{Q^n}$，此时JK触发器成了T′触发器。

若对上述各类触发器稍加改进，还可使其成为边沿触发方式。所谓边沿触发方式是指触发器仅在CP脉冲的上升沿或下降沿到来时，接收输入信号，并发生状态翻转。只要属于边沿触发方式，都在时钟信号处加有"∧"符号；若属下降沿触发，则除了加有"∧"外，还加有小圈符号。例如，图3-9（a）、（b）就是上升沿JK触发器和下降沿D触发器的逻辑符号。

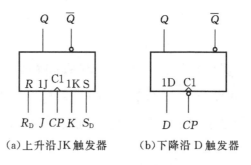

（a）上升沿JK触发器　　（b）下降沿D触发器

图3-9　边沿触发方式的触发器

二、触发器的芯片介绍

常见的集成触发器有D触发器和JK触发器，根据电路结构，触发器受时钟脉冲触发的方式有维持阻塞型和主从型。维持阻塞型又称边沿触发方式，触发状态的转换发生在时钟脉冲的上升或下降沿。而主从型触发方式状态的转换分两个阶段，在$CP=1$期间完成数据存入，在CP从1变为0时完成状态转换。

1. JK触发器

在输入信号为双端的情况下，JK触发器是功能完善、使用灵活和通用性较强的一种触发器。本实训采用74LS112双JK触发器，是下降边沿触发的边沿触发器。引脚如图3-10所示。

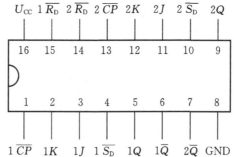

图3-10　74LS112双JK触发器引脚图

JK触发器的状态方程为：$Q^{n+1}=J\overline{Q^n}+\overline{K}Q^n$

J和K是数据输入端，是触发器状态更新的依据，若J、K有两个或两个以上输入端时，组成"与"的关系。后沿触发JK触发器的功能如表3-2所示。

JK触发器常被用作缓冲存储器、移位寄存器和计数器。

表3-2　74LS112双JK触发器逻辑功能表

输　入					输　出	
$\overline{S}_D$	$\overline{R}_D$	CP	J	K	Q^{n+1}	$\overline{Q}^{n+1}$
0	1	×	×	×	1	0
1	0	×	×	×	0	1
0	0	×	×	×	不定	不定
1	1	↓	0	0	Q^n	$\overline{Q}^n$
1	1	↓	1	0	1	0
1	1	↓	0	1	0	1
1	1	↓	1	1	$\overline{Q}^n$	Q^n

2. D触发器

在输入信号为单端的情况下，常使用D触发器。其输出状态的更新发生在CP脉冲的上升沿，故又称为上升沿触发的边沿触发器，触发器的状态只取决于时钟到来时D端的状态。本实验采用74LS74双D触发器，它是上升边沿触发的D触发器。外引线排列如图3-11所示，触发器的逻辑功能见表3-3。

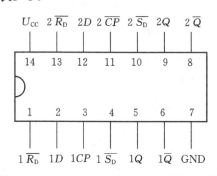

图3-11　74LS74双D触发器外引线排列图

表3-3　74LS74双D触发器逻辑功能表

输　入				输　出	
$\overline{S}_D$	$\overline{R}_D$	CP	D	Q^{n+1}	$\overline{Q}^{n+1}$
0	1	×	×	1	0
1	0	×	×	0	1
0	0	×	×	不定	不定
1	1	↑	1	1	0
1	1	↑	0	0	1

D触发器的状态方程为：$Q^{n+1}=D^n$。

D触发器的应用很广，可用作数字信号的寄存、移位寄存、分频和波形发生等。

三、计数器

计数器——用以统计输入脉冲CP个数的电路。

计数器的分类:

①按计数进制可分为二进制计数器和非二进制计数器。非二进制计数器中最典型的是十进制计数器。

②按数字的增减趋势可分为加法计数器、减法计数器和可逆计数器。

③按计数器中触发器翻转是否与计数脉冲同步分为同步计数器和异步计数器。

1. 二进制异步计数器

（1）二进制异步加法计数器（4位）如图3-12所示

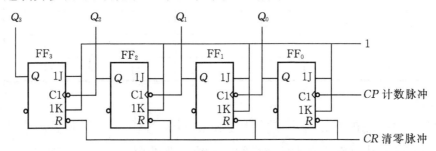

图3-12　二进制异步加法计数器

工作原理: 4个JK触发器都接成T'触发器。

每来一个CP的下降沿时，FF_0向相反的状态翻转一次；

每当Q_0由1变0，FF_1向相反的状态翻转一次；

每当Q_1由1变0，FF_2向相反的状态翻转一次；

每当Q_2由1变0，FF_3向相反的状态翻转一次。

用"观察法"作出该电路的时序波形图和状态图，如图3-13所示。

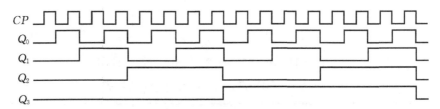

（a）二进制异步加法计数器的时序波形图

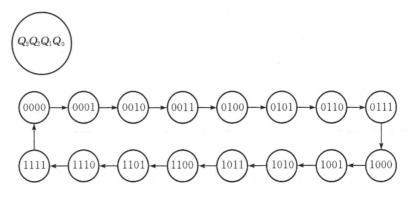

（b）二进制异步加法计数器的时序状态图

图3-13　二进制异步加法计数器的时序波形图和状态图

由图3-13可以看出，Q_0、Q_1、Q_2、Q_3的周期分别是计数脉冲周期的2倍、4倍、8倍、16倍，因而计数器也可作为分频器。

（2）二进制异步减法计数器

用4个上升沿触发的D触发器组成的4位异步二进制减法计数器如图3-14所示。

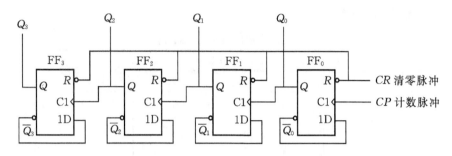

图3-14　4位异步二进制减法计数器

工作原理：D触发器都接成T′触发器。

由于是上升沿触发，则应将低位触发器的Q端与相邻高位触发器的时钟脉冲输入端相连，即从Q端取借位信号。它也同样具有分频作用。

二进制异步减法计数器的时序波形图和状态图如图3-15所示。

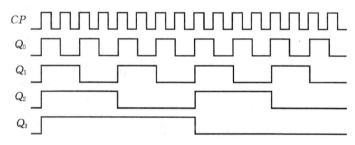

（a）二进制异步减法计数器的时序波形图

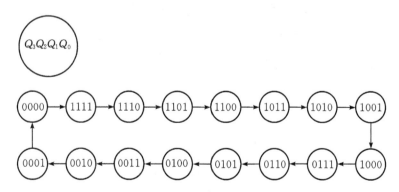

（b）二进制异步减法计数器的时序状态图

图3-15　二进制异步减法计数器的时序波形图和状态图

在异步计数器中，高位触发器的状态翻转必须在相邻触发器产生进位信号（加计数）或借位信号（减计数）之后才能实现，所以工作速度较低。

为了提高计数速度，可采用同步计数器。

2. 二进制同步计数器

（1）二进制同步加法计数器

由于该计数器的翻转规律性较强，只需用"观察法"就可设计出电路。

因为是"同步"方式，所以将所有触发器的CP端连在一起，接计数脉冲。然后分析状态表（表3-4）选择适当的JK信号。

表3-4　二进制同步计数器的状态表

计数脉冲序号	电路状态				等效十进制数
	Q_3	Q_2	Q_1	Q_0	
0	0	0	0	0	0
1	0	0	0	1	1
2	0	0	1	0	2
3	0	0	1	1	3
4	0	1	0	0	4
5	0	1	0	1	5
6	0	1	1	0	6
7	0	1	1	1	7
8	1	0	0	0	8
9	1	0	0	1	9
10	1	0	1	0	10
11	1	0	1	1	11
12	1	1	0	0	12
13	1	1	0	1	13
14	1	1	1	0	14
15	1	1	1	1	15
16	0	0	0	0	0

FF_0：每来一个CP，向相反的状态翻转一次，所以选$J_0=K_0=1$。

FF_1：当$Q_0=1$时，来一个CP，向相反的状态翻转一次，所以选$J_1=K_1=Q_0$。

FF_2：当$Q_0Q_1=1$时，来一个CP，向相反的状态翻转一次，所以选$J_2=K_2=Q_0Q_1$。

FF_3：当$Q_0Q_1Q_3=1$时，来一个CP，向相反的状态翻转一次，所以选$J_3=K_3=Q_0Q_1Q_3$。

（2）二进制同步减法计数器

分析4位二进制同步减法计数器的状态表，很容易看出，只要将各触发器的驱动方程改为：

$$J_0=K_0=1$$
$$J_1=K_1=\overline{Q}_0$$
$$J_2=K_2=\overline{Q}_0\overline{Q}_1$$
$$J_3=K_3=\overline{Q}_0\overline{Q}_1\overline{Q}_2$$

就构成了4位二进制同步减法计数器。

（3）二进制同步可逆计数器

将加法计数器和减法计数器合并起来，并引入一加/减控制信号X便构成4位二进制同步可逆计数器，各触发器的驱动方程为：

$$J_0 = K_0 = 1$$
$$J_1 = K_1 = XQ_0 + \overline{X}\,\overline{Q}_0$$
$$J_2 = K_2 = XQ_0Q_1 + \overline{X}\,\overline{Q}_0\overline{Q}_1$$
$$J_3 = K_3 = XQ_0Q_1Q_1 + \overline{X}\,\overline{Q}_0\overline{Q}_1\overline{Q}_2$$

做出二进制同步可逆计数器的逻辑图，如图3-16所示。

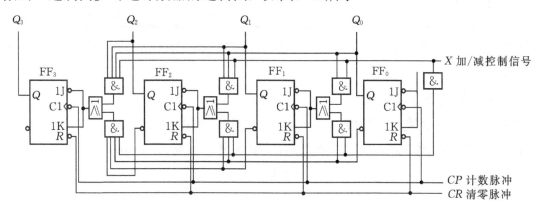

图3-16　二进制同步可逆计数器逻辑图

当控制信号$X=1$时，FF_1～FF_3中的各J、K端分别与低位各触发器的Q端相连，作加法计数。

当控制信号$X=0$时，FF_1～FF_3中的各J、K端分别与低位各触发器的Q端相连，作减法计数，实现了可逆计数器的功能。

四、数码寄存器

1. 数码寄存器——存储二进制数码的时序电路组件

集成数码寄存器74LS175如图3-17所示。

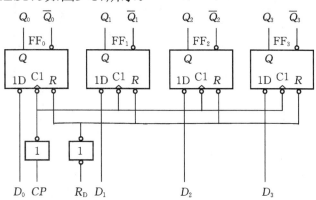

图3-17　集成数码寄存器74LS175

74LS175的功能：

R_D是异步清零控制端，D_0～D_3是并行数据输入端，CP为时钟脉冲端，Q_0～Q_3是并行数据输出端。

2. 移位寄存器

74LS175的功能见表3-5。

表3-5　74LS175的功能表

清零	时钟	输入				输出				工作模式
R_D	CP	D_0	D_1	D_2	D_3	Q_0	Q_1	Q_2	Q_3	
0	×	×	×	×	×	0	0	0	0	异步清零
1	↑	D_0	D_1	D_2	D_3	D_0	D_1	D_2	D_3	数码寄存
1	1	×	×	×	×	保持				数码保持
1	0	×	×	×	×	保持				数码保持

移位寄存器——不但可以寄存数码，而且在移位脉冲作用下，寄存器中的数码可根据需要向左或向右移动1位。

（1）单向移位寄存器

①右移寄存器（D触发器组成的4位右移寄存器，如图3-18所示）

右移寄存器的结构特点：左边触发器的输出端接右邻触发器的输入端。

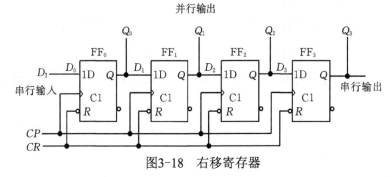

图3-18　右移寄存器

设移位寄存器的初始状态为0000，串行输入数码D_I=1101，从高位到低位依次输入。其状态表如表3-6所示。

表3-6　右移寄存器的状态表

移动脉冲	输入数码	输出			
CP	D_I	Q_0	Q_1	Q_2	Q_3
0	—	0	0	0	0
1	1	1	0	0	0
2	1	1	1	0	0
3	0	0	1	1	0
4	1	1	0	1	1

右移寄存器的时序图如图3-19所示。

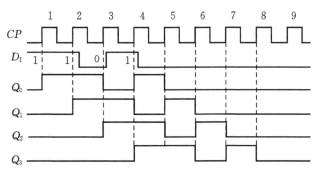

图3-19　右移寄存器的时序图

在4个移位脉冲作用下，输入的4位串行数码1101全部存入了寄存器中。这种输入方式称为串行输入方式。

由于右移寄存器移位的方向为$D_1 \to Q_0 \to Q_1 \to Q_2 \to Q_3$，即由低位向高位移，又称上移寄存器。

②左移寄存器（如图3-20所示）

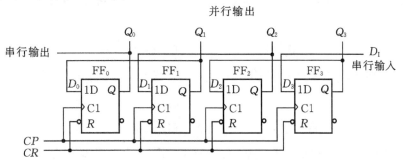

图3-20　左移寄存器

左移寄存器的结构特点：右边触发器的输出端接左邻触发器的输入端。

（2）双向移位寄存器（如图3-21所示）

将右移寄存器和左移寄存器组合起来，并引入一控制端S就构成既可左移又可右移的双向移位寄存器。

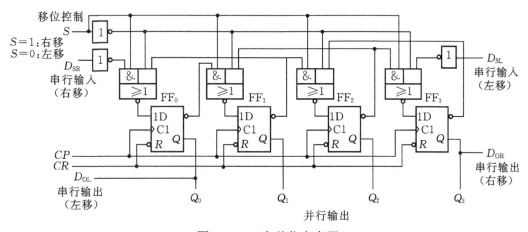

图3-21　双向移位寄存器

其中，D_{SR}为右移串行输入端，D_{SL}为左移串行输入端。

当$S=1$时，$D_0=D_{SR}$、$D_1=Q_0$、$D_2=Q_1$、$D_3=Q_2$，实现右移操作；

当$S=0$时，$D_0=Q_1$、$D_1=Q_2$、$D_2=Q_3$、$D_3=D_{SL}$，实现左移操作。

课后习题

一、填空题

1. RS触发器中当$\overline{S}_d=0$、$\overline{R}_d=1$时，电路置_____态。$\overline{S}_d=1$、$\overline{R}_d=0$时，电路置_____态。

2. 常用触发器按逻辑功能分为_____触发器、_____触发器、_____触发器、_____触发器和_____触发器。

3. JK触发器中，若$J=$_____$K=$_____，则实现计数器功能。

二、选择题

1. 或非门构成的基本RS触发器的输入为$S=1$、$R=0$，当输入S变为0时，触发器的输出将会（   ）。

    A. 置位　　　　　　　　B. 复位　　　　　　　　C. 不变

2. 与非门构成的基本RS触发器的输入为$S=1$，$R=1$，当输入$\overline{S}$变为0时，触发器输出将会（   ）。

    A. 保持　　　　　　　　B. 复位　　　　　　　　C. 置位

3. 或非门构成的基本RS触发器的输入为$S=1$，$R=1$时，其输出状态为（   ）。

    A. $Q=0$，$\overline{Q}=1$　　　　B. $Q=1$，$\overline{Q}=0$　　　　C. $Q=1$，$\overline{Q}=1$　　　　D. $Q=0$，$\overline{Q}=0$

实训五　四人抢答器电路的安装与调试

工作任务描述

在某些竞争场合下会有抢答题，而抢答器可以根据抢答情况，显示优先抢答者的号数，同时蜂鸣器发声或LED灯亮，表示抢答成功。

工作流程与活动

1.明确任务
2.工作准备
3.现场施工
4.总结评价

学习活动1　明确工作任务

学习目标

1.掌握集成触发器的使用
2.会用触发器设计简单电路

学习过程

根据任务单了解所要解决的问题，说出本次任务的工作内容、时间要求等信息。

编号：0005　　　　　　　　　　　　　　任务单

任务电路	四人抢答器电路	电路形式		型号规格	
制作数量				额定电压	
施工项目	四人抢答器电路的安装与调试				
开工时间		竣工时间		施工单位	
验收时间		验收单位		接收单位	
基本情况介绍					

（1）根据任务单，查阅任务单中四人抢答器的基本情况并填写任务单。

（2）查阅74LS20，74LS04芯片的具体参数。

（3）学习并掌握四人抢答器电路工作原理。

学习活动2　工作准备

学习过程

1. 准备工具和器材

（1）工具

本次任务所需要的工具见表3-7。

表3-7　工具

编号	名称	数量
1	直流电源	1
2	万用表	1
3	电烙铁	1
4	烙铁架	1
5	示波器	1
6	电子实训通用工具	1

（2）器材

本次任务所需要元器件见表3-8。

表3-8　元器件明细表

代号	名称	规格	数量	代号	名称	规格	数量
PCB	万能板	80mm×80mm	1	IC_1、IC_2	触发器	74LS112	2
LED_1—LED_4	发光二极管	—	1	IC_3	与非门	74LS20	1
R_2—R_5	碳膜电阻	510 Ω	4	IC_4	反相器	74LS04	1
R_1、R_6—R_9	碳膜电阻	5.1 kΩ	5	L	导线	—	若干
SB_1—SB_5	按钮开关	—	5	—	—	—	—

2. 元器件识别、检测和选用

利用万用表分别检测碳膜电阻、LED、开关、IC的好坏，记录并与器材清单核对。

3. 环境要求与安全要求

（1）环境要求

①操作平台不允许放置其他器件、工具及杂物，要保持整洁。

②在操作过程中，工具及器件不得乱放，注意规范整齐，在万能板上安装元器件时，要注意前后，上下的位置。

③操作结束后，要将工位整理好，收拾好器材与工具，清理台面和地上杂物，关闭电源。

④将器材与工具分类放入工具箱并摆放好凳子方能离开。

（2）安装过程的安全要求

安装过程必须要有"安全第一"的意识，具体要求如下。

①进入实训室，劳保用品必须穿戴整齐，不穿绝缘鞋一律不准进入实训场地；

②电烙铁插头最好使用三相插头，要使外壳妥善接地；

③使用电烙铁前应仔细检查电源线是否有破损现象，电源插头是否损坏，并检查烙铁头有无松动。

④焊接过程中，电烙铁不能随处乱放，不使用时，应放在烙铁架上。注意烙铁头不可碰到电源线，以免烫坏绝缘层发生短路事故；

⑤使用结束后，应及时切断电源，拔下电源插头，待烙铁冷却后放入工具箱；

⑥实训过程应执行7S管理标准，安全有序进行实训。

学习活动3　现场施工

学习过程

1. 四路抢答器电路原理如图3-22所示

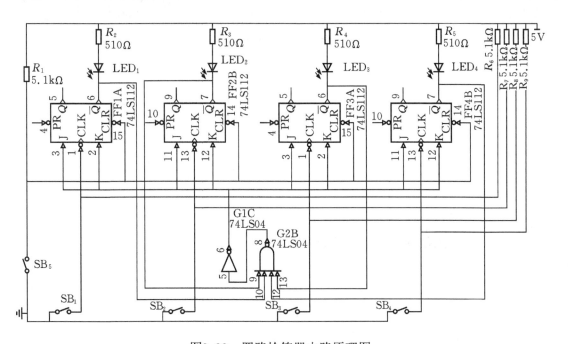

图3-22　四路抢答器电路原理图

2. 根据原理图进行电路的安装

根据图3-22的原理，在万能板上进行实物安装，如图3-23所示，具体安装与调试步骤如下。

①对元器件进行检测，按工艺要求对元器件的引脚进行加工，元器件的引线不要齐根弯折，应该留有不少于2 mm的距离，以免损坏元器件，参考图3-23所示实物图安装焊接电路。

②电路检查无误后接通5 V电源。

③按下SB_1到SB_4中的任意一个，对应的LED_1到LED_4灯亮，按下SB_5，LED灯复位，表明电路正常。

图3-23 四路抢答器电路实物图

工作任务表

任务电路		第___组组长		完成时间	
基本电路安装	1.根据所给电路原理图，绘制电路接线图 2.根据接线图，安装并焊接电路				

续表

任务电路		第___组组长		完成时间	
电路调试	1.用万用表检测电路 2.根据测量结果，绘制真值表				

学习活动4　总结评价

学习过程

一、小组自我评价

以小组为单位，组长检查本组成员完成情况，可指定本组任意成员将相关情况进行总结汇报。

二、小组互评

根据每个小组的完成情况给出各小组本任务的综合成绩，并根据人员汇报情况（表达方式、表达能力、创新能力、综合素质等）相应加分。

三、教师评价

教师根据各小组任务完成情况给出各小组本任务的综合成绩。

<h2 style="text-align:center">学习任务评价表</h2>

序号	主要内容		考核要求	评分标准	配分	自我评价 10%	小组互评 40%	教师评价 50%
1	职业素质	劳动纪律	按时上下课,遵守实训现场规章制度	上课迟到、早退、不服从指导老师管理,或不遵守实训现场规章制度扣1~7分	7			
		工作态度	认真完成学习任务,主动钻研专业技能	上课学习不认真,不能按指导老师要求完成学习任务扣1~7分	7			
		职业规范	遵守电工操作规程及规范	不遵守电工操作规程及规范扣1~6分	6			
2	明确任务		填写工作任务相关内容	工作任务内容填写有错扣1~5分	5			
3	工作准备		1.按考核图提供的电路元器件,查出单价并计算元器件的总价,填写在元器件明细表中 2.检测元器件	正确识别和使用万用表检测各种电子元器件,元件检测或选择错误扣1~5分	10			
4	任务实施	安装工艺	1.按焊接操作工艺要求进行,会正确使用工具 2.焊点应美观、光滑牢固、锡量适中匀称,万能板的板面应干净整洁,引脚高度基本一致	1.万用表使用不正确扣2分 2.焊点不符合要求每处扣0.5分 3.桌面凌乱扣2分 4.元件引脚不一致每个扣0.5分	10			
		安装正确及测试	1.各元器件的排列应牢固、规范、端正、整齐、布局合理、无安全隐患 2.测试电压应符合原理要求 3.电路功能完整	1.元件布局不合理,安装不牢固,每处扣2分 2.布线不合理、不规范、接线松动、虚焊、脱焊接触不良等每处扣1分 3.测量数据错误扣5分 4.电路功能不完整少一处扣10分	40			
		故障分析及排除	分析故障原因,思路正确,能正确查找故障并排除	1.实际排除故障中思路不清楚,每个故障点扣3分 2.每少查出一个故障点扣5分 3.每少排除一个故障点扣3分	10			
5	创新能力		工作思路、方法有创新	工作思路、方法没有创新扣5分	5			

指导教师签字:　　　　　　　　　　　　　　　　　年　月　日

课题四

555定时器电路的安装与调试

任务描述

在实际生活中，我们经常要模拟各种声音效果。如各种乐器声、动物鸣叫声、流水、刮风、下雨等自然界的声响和车船、飞机、枪炮、爆炸等现代文明所制造的声响效果。因而555定时器模拟声集成电路被广泛应用于电子玩具、仪器仪表、安保警示等方面，同时还具有延时效果。实现时只要配置适当的阻容元件和接线即可，稍作改动就可实现不同的模拟声响。本任务主要是运用555多谐振荡器来实现模拟声响以及延时电路的安装与调试。实际生活中做出的产品很多，我们一起来看看吧，如图4-1所示为一些模拟声响物品与电路板。

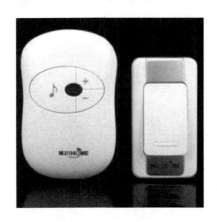
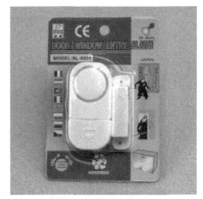

图4-1　模拟声响物品与电路板

知识准备

集成时基电路又称为集成定时器或555电路，是一种数字、模拟混合型的中规模集成电路，应用十分广泛。它是一种产生时间延迟和多种脉冲信号的电路，由于内部电压标准使用了三个5 kΩ的电阻，故取名555电路。

1.555电路的工作原理

555内部电路方框图如图4-2（a）所示。它们分别使高电平比较器A_1的同相输入端和低电平比较器A_2的反相输入端的参考电平为$\frac{2}{3}V_{CC}$和$\frac{1}{3}V_{CC}$。A_1与A_2的输出端控制RS触发器状态和放电管开关状态。当输入信号自6脚，即高电平触发输入并超过参考电平$\frac{2}{3}V_{CC}$时，触发器复位，555的输出端3脚输出低电平，同时放电开关管导通；当输入信号自2脚输入并低于$\frac{1}{3}V_{CC}$时，触发器置位，555的3脚输出高电平，同时放电开关管截止。$\overline{R}_D$是复位端（4脚），当$\overline{R}_D=0$，555输出低电平，平时$\overline{R}_D$端开路或接V_{CC}。

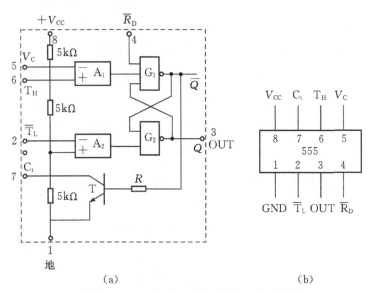

图4-2　555定时器内部框图及引脚排列

V_C是控制电压端（5脚），平时输出$\frac{2}{3}V_{CC}$作为比较器A_1的参考电平，当5脚外接一个输入电压，即改变了比较器的参考电平，从而实现对输出的另一种控制。在不接外加电压时，通常接一个0.01 μF的电容器到地，起滤波作用，以消除外来的干扰，确保参考电平的稳定。T为放电管，当T导通时，将给接于脚7的电容器提供低阻放电通路。

555定时器主要是与电阻、电容构成充放电电路，并由两个比较器来检测电容器上的电压，以确定输出电平的高低和放电开关管的通断。这就很方便地构成从微秒到数十分钟的延时电路，还可构成单稳态触发器、多谐振荡器、施密特触发器等。

555时基电路的逻辑功能见表4-1。

表4-1　555时基电路的逻辑功能表

输入			比较器输出		输出		功能
直接复位端 $\overline{R}_D$④脚	高电平触发端T_H⑥脚	低电平触发端$\overline{T}_L$②脚	$\overline{R}$	$\overline{S}$	输出端③脚	放电器⑦脚	
0	×	×	×	×	0	导通	直接复位
1	大于$\frac{2}{3}V_{CC}$	大于$\frac{1}{3}V_{CC}$	0	1	0	导通	复位
1	小于$\frac{2}{3}V_{CC}$	大于$\frac{1}{3}V_{CC}$	1	1	不变	不变	保持
1	小于$\frac{2}{3}V_{CC}$	小于$\frac{1}{3}V_{CC}$	1	0	1	截止	置位
1	小于$\frac{2}{3}V_{CC}$	大于$\frac{1}{3}V_{CC}$	0	0	1	截止	置位

2.555定时器的典型应用

（1）构成单稳态触发器

图4-3（a）为由555定时器和外接定时元件R、C构成的单稳态触发器，触发电路由C_1、R_1、D构成。其中D为钳位二极管，稳态时555电路输入端处于电源电平，内部放电开关管T导通，输出端F输出低电平。当有一个外部负脉冲触发信号经C_1加到2端，并使2端电位瞬时低于$\frac{1}{3}V_{CC}$，低电平比较器动作，单稳态电路即开始一个暂态过程，电容C开始充电，V_C按指数规律增长。当V_C充电到$\frac{2}{3}V_{CC}$时，高电平比较器动作，比较器A_1翻转，输出V_o从高电平返回低电平，放电开关管T重新导通，电容C上的电荷很快经放电开关管放电，暂态结束，恢复稳态，为下个触发脉冲的来到作好准备。波形图如图4-3（b）所示。

暂稳态的持续时间t_w（即为延时时间）决定于外接元件R、C值的大小。

$$t_w = 1.1RC$$

通过改变R、C的大小，可使延时时间在几微秒到几十分钟之间变化。当这种单稳态电路作为计时器时，可直接驱动小型继电器，并可以使用复位端（4脚）接地的方法来中止暂态，重新计时。此外需要用一个续流二极管与继电器线圈并接，以防继电器线圈反电势损坏内部功率管。

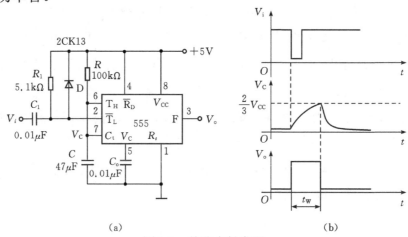

（a）　　　　　　　　　　　（b）

图4-3　单稳态触发器

单稳态电路的应用包括脉冲整形、定时选通和脉冲延时。

练一练

如图4-4所示，由555构成的单稳态触发器中，已知输出脉冲宽度为1s，定时电阻$R=10$ kΩ，试求定时电容C的大小。

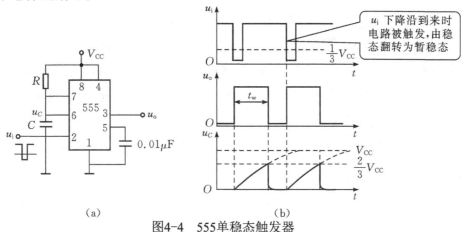

u_i 下降沿到来时电路被触发，由稳态翻转为暂稳态

（a）　　　　　　　　　　（b）

图4-4　555单稳态触发器

（2）构成多谐振荡器

如图4-5（a）所示，由555定时器和外接元件R_1、R_2、C构成多谐振荡器，脚2与脚6直接相连。电路没有稳态，仅存在两个暂稳态，电路亦不需要外加触发信号，利用电源通过R_1、R_2向C充电，以及C通过R_2向放电端C_t放电，使电路产生振荡。电容C在$\frac{1}{3}V_{cc}$和$\frac{2}{3}V_{cc}$之间充电和放电，其波形如图4-5（b）所示。输出信号的时间参数为

$$T=t_{w1}+t_{w2}, \quad t_{w1}=0.7(R_1+R_2)C, \quad t_{w2}=0.7R_2C$$

555电路要求R_1与R_2均应大于或等于1kΩ，但R_1+R_2应小于或等于3.3 MΩ。

外部元件的稳定性决定了多谐振荡器的稳定性，555定时器配以少量的元件即可获得较高精度的振荡频率和较强的功率输出能力，因此这种形式的多谐振荡器应用很广。

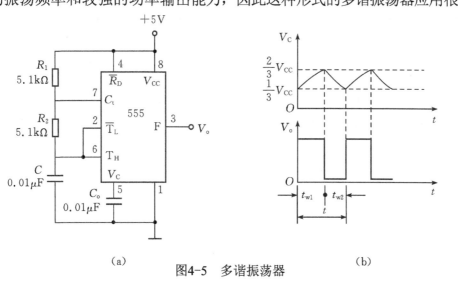

（a）　　　　　　　　　　（b）

图4-5　多谐振荡器

（3）组成占空比可调的多谐振荡器

占空比例可调的多谐振荡器电路如图4-6所示，它比图4-5的电路增加了一个电位器和两个导引二极管。D_1、D_2用来决定电容充、放电电流流经电阻的途径（充电时D_1导通，D_2截止；放电时D_2导通，D_1截止）。占空比

$$P = \frac{t_{w1}}{t_{w1}+t_{w2}} \approx \frac{0.7R_AC}{0.7C(R_A+R_B)} = \frac{R_A}{R_A+R_B}$$

可见，若取$R_A=R_B$电路即可输出占空比为50%的方波信号。

（4）组成占空比连续可调并能调节振荡频率的多谐振荡器

占空比与频率均可调的多谐振荡器电路如图4-7所示。对C_1充电时，充电电流通过R_1、D_1、R_{w2}和R_{w1}；放电时通过R_{w1}、R_{w2}、D_2、R_2。当$R_1=R_2$时，R_{w2}调至中心点，因充放电时间基本相等，其占空比约为50%，此时调节R_{w1}仅改变频率，占空比不变。如R_{w2}调至偏离中心点，再调节R_{w1}，不仅振荡频率改变，而且对占空比也有影响。R_{w1}不变，调节R_{w2}，仅改变占空比，对频率无影响，如图4-7所示。因此，当接通电源后，应首先调节R_{w1}使频率至规定值，再调节R_{w2}，以获得需要的占空比。若频率调节的范围比较大，还可以用波段开关改变C_1的值。

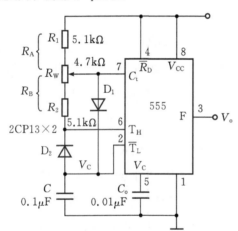

图4-6　占空比可调的多谐振荡器

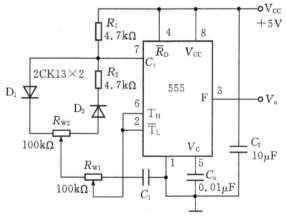

图4-7　占空比与频率均可调的多谐振荡器

练一练

如图4-8所示多谐振荡电路，已知$R_1=1k\Omega$，$R_2=5k\Omega$，$C_1=0.1\mu F$，试计算正、负脉冲宽度和振荡周期。

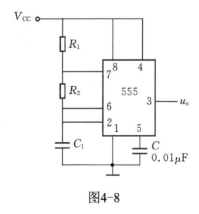

图4-8

（5）组成施密特触发器

施密特触发器电路如图4-9所示，只要将脚2、6连在一起作为信号输入端，即得到施密特触发器。图4-10示出了V_s，V_i和V_o的波形图。

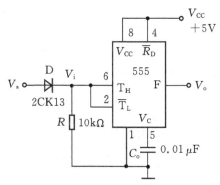

图4-9 施密特触发器电路图

设被整形变换的电压为正弦波V_s，其正半波通过二极管D同时加到555定时器的2脚和6脚，得V_i为半波整流波形。当V_i上升到$\frac{2}{3}V_{CC}$时，V_o从高电平翻转为低电平；当V_i下降到$\frac{1}{3}V_{CC}$时，V_o又从低电平翻转为高电平。电路的电压传输特性曲线如图4-11所示。回差电压$\Delta V=\frac{2}{3}V_{CC}-\frac{1}{3}V_{CC}=\frac{1}{3}V_{CC}$。

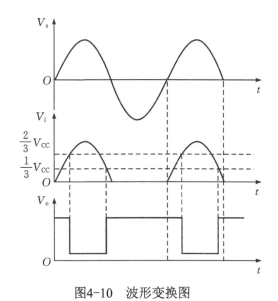

图4-10 波形变换图

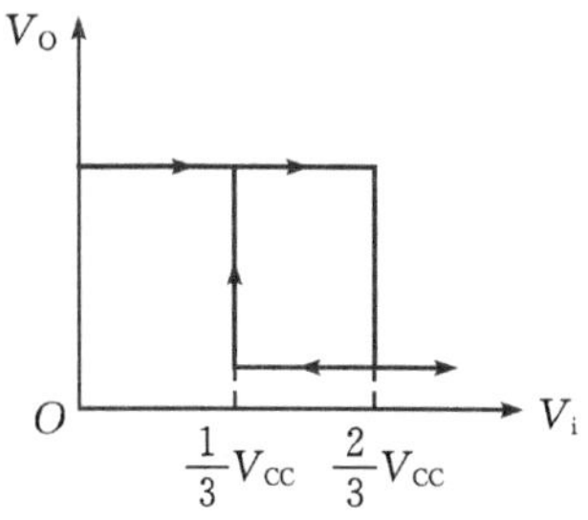

图4-11 电压传输特性

练一练

如图4-9组成的施密特触发器电路，当V_{CC}为15V时，求$V+$、$V-$和ΔV。

课后习题

一、填空题

1.多谐振荡器在工作过程中没有_____状态，只有两个_____态。不需外加触发脉冲就可以自动输出一定频率的_____脉冲，常用作脉冲信号源。

2.555时基电路中，R_1、R_2、C_1是外接定时元件，将_____端与_____端连接在一起，构成多谐振荡器。

3.占空比是指_____与_____的比值。

4.将555定时器接成单稳态触发器时，输入触发信号接_____端。

5.555集成电路的5脚没有外接电压时，2脚的比较电压是_____V_{CC}。

6.多谐振荡器可以产生_____。

7.单稳态触发器的输出状态有_____。

8.由555构成的单稳态触发器的输出脉冲的宽度约为_____。

二、选择题

1.555时基电路的引出脚6脚是（　　）。

A. 控制电压端；　　　　　　　B. 低电平触发端；

C. 高电平触发端；　　　　　　D. 直接复位端。

2.555定时器不可以组成（　　）。

A. 多谐振荡器；　　　　　　　B. 单稳态触发器；

C. 施密特触发器；　　　　　　D. JK触发器。

实训六　模拟声响电路的安装与调试

工作任务描述

555时基电路是集模拟电路和数字电路于一体的非常实用的集成块。它可以组成多谐振荡器、单稳态触发器和施密特触发器。现有一兴趣小组，想利用555时基电路来组成控制声音信号的模拟电路，通过对555时基电路输入端不同的连接方式，产生相应的效果。

工作流程与活动

1.明确任务
2.工作准备
3.现场施工
4.总结评价

学习活动1　明确工作任务

学习目标

1.555时基电路的结构、工作原理和特点
2.555时基电路的基本应用

学习过程

根据任务单了解所要解决的问题，说出本次任务的工作内容、时间要求等信息。

编号：0006　　　　　　　　　　　　　任务单

设备名称	模拟声响电路	制造厂家		型号规格	
设备台数	30			额定电压	5 V
施工项目	模拟声响电路的安装与调试				
开工时间		竣工时间		施工单位	
验收时间		验收单位		接收单位	
模拟声响电路的基本原理					

（1）根据任务单，查阅任务单中设备的基本情况并填写。

（2）查阅并画出555时基电路组成的模拟声响电路原理图。

（3）学习并掌握电路工作原理和特点。

学习活动2　工作准备

学习过程

1. 准备工具和器材

（1）工具

本次任务所需要的工具见表4-2。

表4-2　工具

编号	名称	数量
1	单相直流电源	1
2	万用表	1
3	电烙铁	1
4	烙铁架	1
5	电子实训通用工具	1

（2）器材

本次任务所需要器材见表4-3。

表4-3　器材

编号	名称	规格	数量
1	万能板	8mm×8 mm	1
2	电容器	0.01 μF	1
3	电容器	0.02 μF	1
4	电解电容	100 μF	1
5	电解电容	10 μF	若干
6	电阻器	100 kΩ	若干
7	电阻器	10 kΩ	1
8	电阻器	1 kΩ	3
9	电位器	100 kΩ	1
10	555	NE555	1
11	扬声器	8 Ω	1
12	开关	—	2
13	焊接材料	焊锡丝、松香助焊剂、连接导线等	1

2. 根据以上所列器材，分别查出各元件的价格，并核算出总价

3. 环境要求与安全要求

（1）环境要求

①操作平台不允许放置其他器件、工具及杂物，要保持整洁。

②在操作过程中，工具与器件不得乱放，注意规范整齐，在万能板上安装元器件时，要注意前后、上下的位置。

③操作结束后，要将工位整理好，收拾好器材与工具，清理台面和地上杂物，关闭电源。

④将器材与工具分类放入工具箱，并摆放好凳子，方能离开。

（2）安装过程的安全要求

安装过程必须要有"安全第一"的意识，具体要求如下。

①进入实训室，劳保用品必须穿戴整齐。不穿绝缘鞋一律不准进入实训场地。

②电烙铁插头最好使用三相插头，要使外壳妥善接地。

③使用电烙铁前应仔细检查电源线是否有破损现象，电源插头是否损坏，并检查烙铁头有无松动。

④焊接过程中，电烙铁不能随处乱放。不焊时，应放在烙铁架上。注意烙铁头不可碰到电源线，以免烫坏绝缘层发生短路事故。

⑤使用结束后，应及时切断电源，拔下电源插头，待烙铁冷却后放入工具箱。

⑥实训过程应执行7S管理标准备，安全有序进行实训。

学习活动3　现场施工

学习过程

1. 模拟声响电路图（如图4-12所示）

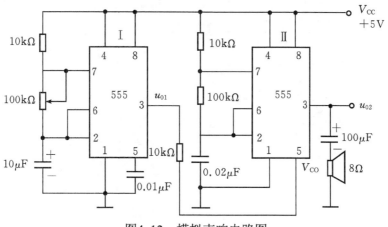

图4-12　模拟声响电路图

2. 工作原理

将图4-12中Ⅰ振荡器的输出u_{01}接到Ⅱ振荡器的电压控制端，即5脚V_{CO}。则振荡器Ⅰ输出高电平时，振荡器Ⅱ的振荡频率较低；当Ⅰ输出低电平时，Ⅱ的振荡频率高，从而使Ⅱ振荡器的输出端产生两种频率的信号。3脚u_{02}所接的扬声器发出"嘟、嘟……"的类似救护车的双频间歇响声。

3. 根据图纸进行电路的安装

根据上图，在万能板上进行安装与测试。

①555电路的检测、电容的检测。

②连接线可用多余引脚或细铜丝，使用前先进行上锡处理，增强粘合性。

③连接线应遵循横平竖直连线原则，同一焊点连接线不应超过2根。

④电路各焊接点要可靠、光滑、牢固。

4. 插上电源，调节电位器，产生模拟声响

将元件脚按电路板安装孔位置成型后装入元件。

5. 实物图（如图4-13所示）

图4-13　模拟声响实物图

工作任务表

任务电路		第___组组长		完成时间	
基本电路安装	1.根据所给电路原理图,绘制电路接线图				
	2.根据接线图,安装并焊接电路				
电路调试	1.用万用表检测电路				
	2.电路调试				

学习活动4　总结评价

学习过程

一、小组自我评价

以小组为单位,组长检查本组成员完成情况,可指定本组任意成员将相关情况进行总结汇报。

二、小组互评

根据每个小组的完成情况给出各小组本任务的综合成绩,并根据人员汇报情况(表达方式、表达能力、创新能力、综合素质等)相应加分。

三、教师评价

教师根据各小组任务完成情况给出各小组本任务综合成绩。

学习任务评价表

序号	主要内容		考核要求	评分标准	配分	自我评价 10%	小组互评 40%	教师评价 50%
1	职业素质	劳动纪律	按时上下课，遵守实训现场规章制度	上课迟到、早退、不服从指导老师管理，或不遵守实训现场规章制度扣1~7分	7			
		工作态度	认真完成学习任务，主动钻研专业技能	上课学习不认真，不能按指导老师要求完成学习任务扣1~7分	7			
		职业规范	遵守电工操作规程及规范	不遵守电工操作规程及规范扣1~6分	6			
2	明确任务		填写工作任务相关内容	工作任务内容填写有错扣1~5分	5			
3	工作准备		1.按考核图提供的电路元器件，查出单价并计算元器件的总价，填写在元器件明细表中 2.检测元器件	正确识别和使用万用表检测各种电子元器件，元件检测或选择错误扣1~5分	10			
4	任务实施	安装工艺	1.按焊接操作工艺要求进行，会正确使用工具 2.焊点应美观、光滑牢固、锡量适中匀称，万能板的板面应干净整洁，引脚高度基本一致	1.万用表使用不正确扣2分 2.焊点不符合要求每处扣0.5分 3.桌面凌乱扣2分 4.元件引脚不一致每个扣0.5分	10			
		安装正确及测试	1.各元器件的排列应牢固、规范、端正、整齐、布局合理、无安全隐患 2.测试电压应符合原理要求 3.电路功能完整	1.元件布局不合理，安装不牢固，每处扣2分 2.布线不合理、不规范、接线松动、虚焊、脱焊接触不良等每处扣1分 3.测量数据错误扣5分 4.电路功能不完整少一处扣10分	40			
		故障分析及排除	分析故障原因，思路正确，能正确查找故障并排除	1.实际排除故障中思路不清楚，每个故障点扣3分 2.每少查出一个故障点扣5分 3.每少排除一个故障点扣3分	10			
5	创新能力		工作思路、方法有创新	工作思路、方法没有创新扣5分	5			
指导教师签字：							年 月 日	

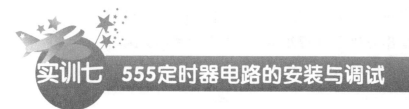

实训七　555定时器电路的安装与调试

工作情境描述

555时基电路是集模拟电路和数字电路于一体的非常实用的集成电路。它可以实现延时的效果。现有一兴趣小组，想利用555时基电路来组成不同延时时间控制发光二极管的定时器。通过对555时基电路输入不同的电容和调节电位器，产生相应的延时效果。

工作流程与活动

1.明确任务
2.工作准备
3.现场施工
4.总结评价

学习活动1　明确工作任务

学习目标

1.555时基电路的结构、工作原理和特点
2.555时基电路的延时应用

学习过程

根据任务单了解所要解决的问题，说出本次任务的工作内容、时间要求等信息。

编号：0007　　　　　　　　　　　　　　　　　　　　　任务单

设备名称	模拟声响电路	制造厂家		型号规格	
设备台数	30			额定电压	5 V
施工项目	555定时器电路的安装与调试				
开工时间		竣工时间		施工单位	
验收时间		验收单位		接收单位	
海信电视机的基本情况介绍					

（1）根据任务单，查阅任务单中设备的基本情况并填写。

（2）查阅并画出555时基电路组成的定时器电路原理图。

（3）学习并掌握电路工作原理和特点。

学习活动2　工作准备

学习过程

1. 准备工具和器材

（1）工具

本次任务所需要的工具见表4-4。

表4-4　工具

编号	名称	数量
1	单相直流电源	1
2	万用表	1
3	电烙铁	1
4	烙铁架	1
5	电子实训通用工具	1

（2）器材

本次任务所需要器材见表4-5。

表4-5　器材

编号	名称	规格	数量
1	万能板	8 mm×8 mm	1
2	电容器	4.7 μF	1
3	电容器	100 μF	1
4	电解电容	470 μF	1
6	电阻器	1 MΩ	1
7	电阻器	10 kΩ	1
8	电阻器	1 kΩ	3
9	电位器	100 kΩ	1
10	555	NE555	1
11	扬声器	8Ω	1
12	开关	—	2
13	焊接材料	焊锡丝、松香助焊剂、连接导线等	1

2. 根据以上所列器材，分别查出各元件的价格，并核算出总价

3. 环境要求与安全要求

（1）环境要求

①操作平台不允许放置其他器件、工具及杂物，要保持整洁。

②在操作过程中，工具与器件不得乱放，注意规范整齐，在万能板上安装元器件时，要注意前后，上下的位置。

③操作结束后，要将工位整理好，收拾好器材与工具，清理台面和地上杂物，关闭电源。

④将器材与工具分类放入工具箱，并摆放好凳子，方能离开。

（2）安全要求

安装过程必须要有"安全第一"的意识，具体要求如下。

①进入实训室，劳保用品必须穿戴整齐。不穿绝缘鞋一律不准进入实训场地。

②电烙铁插头最好使用三极插头，要使外壳妥善接地。

③使用电烙铁前应仔细检查电源线是否有破损现象，电源插头是否损坏，并检查烙铁头有无松动。

④焊接过程中，电烙铁不能随处乱放。不焊时，应放在烙铁架上。注意烙铁头不可碰到电源线，以免烫坏绝缘层发生短路事故。

⑤使用结束后，应及时切断电源，拔下电源插头，待烙铁冷却后放入工具箱。

⑥实训过程应执行7S管理标准备，安全有序进行实训。

学习活动3　现场施工

学习过程

1. 555定时器电路图（如图4-14所示）

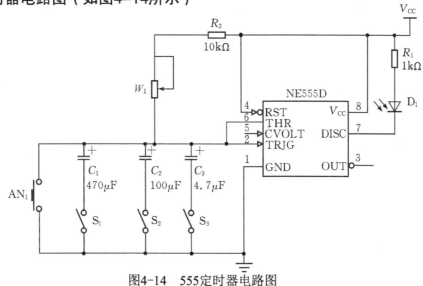

图4-14　555定时器电路图

2. 工作原理

C_1、C_2、C_3为定时电容，S_1、S_2、S_3为三个跳针，通过3个跳针的组合，产生不同的接入定时电容，接入的电容不同，参加定时的电容容量也不同。W_1为可调电阻，用于调节定时电路的电阻值，R_2为定时电阻。C_1、C_2、C_3、R_1、R_2共同作用产生多种定时值，以满足各种不同场合的定时需求。本电路的定时范围为0～10 min，AN_1为复位按键，按下按键，C_1、C_2、C_3电容中的电荷将被释放。放开按键后，电源通过R_2、W_1向接入的电容进行充电。时基集成电路NE555D中，充电刚开始时，第7脚、3脚输出高电平，指示灯D_1熄灭。当充电使第2脚、6脚电压高于$\frac{2}{3}V_{CC}$时，7脚、3脚输出低电平，指示灯D_1点亮。R_1为限流电阻，防止D_1烧坏。

3. 根据图纸进行电路的安装

根据图纸，在万能板上进行安装与测试，具体步骤如下。

①555电路的检测、电容的检测。

②连接线可用多余引脚或细铜丝，使用前先进行上锡处理，增强粘合性。

③连接线应遵循横平竖直连线原则，同一焊点连接线不应超过2根。

④电路各焊接点要可靠，光滑，牢固。

4. 插上电源，调节电位器，产生模拟声响

学习活动4 总结评价

学习过程

一、小组自我评价

以小组为单位，组长检查本组成员完成情况，可指定本组任意成员将相关情况进行总结汇报。

二、小组互评

根据每个小组的完成情况给出各小组本任务的综合成绩，并根据人员汇报情况（表达方式、表达能力、创新能力、综合素质等）相应加分。

三、教师评价

教师根据各小组任务完成情况给出各小组本任务综合成绩。

学习任务评价表

序号	主要内容		考核要求	评分标准	配分	自我评价 10%	小组互评 40%	教师评价 50%
1	职业素质	劳动纪律	按时上下课，遵守实训现场规章制度	上课迟到、早退、不服从指导老师管理，或不遵守实训现场规章制度扣1～7分	7			
		工作态度	认真完成学习任务，主动钻研专业技能	上课学习不认真，不能按指导老师要求完成学习任务扣1～7分	7			
		职业规范	遵守电工操作规程及规范	不遵守电工操作规程及规范扣1～6分	6			
2	明确任务		填写工作任务相关内容	工作任务内容填写有错扣1～5分	5			
3	工作准备		1.按考核图提供的电路元器件，查出单价并计算元器件的总价，填写在元器件明细表中 2.检测元器件	正确识别和使用万用表检测各种电子元器件，元件检测或选择错误扣1～5分	10			
4	任务实施	安装工艺	1.按焊接操作工艺要求进行，会正确使用工具 2.焊点应美观、光滑牢固、锡量适中匀称，万能板的板面应干净整洁，引脚高度基本一致	1.万用表使用不正确扣2分 2.焊点不符合要求每处扣0.5分 3.桌面凌乱扣2分 4.元件引脚不一致每个扣0.5分	10			
		安装正确及测试	1.各元器件的排列应牢固、规范、端正、整齐、布局合理、无安全隐患 2.测试电压应符合原理要求 3.电路功能完整	1.元件布局不合理，安装不牢固，每处扣2分 2.布线不合理、不规范、接线松动、虚焊、脱焊接触不良等每处扣1分 3.测量数据错误扣5分 4.电路功能不完整少一处扣10分	40			
		故障分析及排除	分析故障原因，思路正确，能正确查找故障并排除	1.实际排除故障中思路不清楚，每个故障点扣3分 2.每少查出一个故障点扣5分 3.每少排除一个故障点扣3分	10			
5	创新能力		工作思路、方法有创新	工作思路、方法没有创新扣5分	5			

指导教师签字：　　　　　　　　　　　　　　　　　　　　　　　年　月　日

课题五

模数与数模转换电路

知识准备

能够把模拟量转变为数字量的器件叫模拟—数字转换器（简称A/D转换器）。

能够把数字量转变为模拟量的器件叫数字—模拟转换器（简称D/A转换器）。

任务八 数模转换器（DAC）

一、作用

D/A转换器是将输入的二进制数字量转换成电压或电流形式的模拟量输出。

二、电路组成

D/A转换器的一般结构如图5-1所示。

图5-1 D/A转换器的一般结构

三、应用

图5-2就是按这种方法实现的权电阻网络D/A转换器，实际上，这是一个加权加法运算电路。图中电阻网络与二进制数的各位权相对应，权越大对应的电阻值越小，故称为权电阻网络。图中V_R为稳恒直流电压，是D/A转换电路的参考电压。n路电子开关S_i由n位二进制数D的每一位数码D_i来控制，$D_i=0$时开关S_i将该路电阻接通"地端"，$D_i=1$时S_i将该路电阻接通参考电压V_R。集成运算放大器作为求和权电阻网络的缓冲，主要是为了减少输出模拟信号负载变化的影响，并将电流输出转换为电压输出。

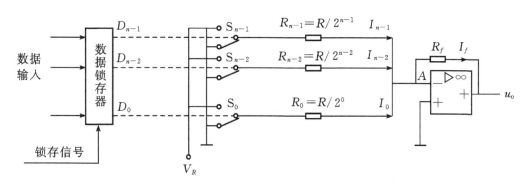

图5-2 权电阻网络D/A转换器

图5-2中，因A点"虚地"，$V_A=0$，各支路电流分别为

$$I_{n-1} = \frac{D_{n-1}V_R}{R_{n-1}} = D_{n-1} \times 2^{n-1} \times \frac{V_R}{R}$$

$$I_{n-2} = \frac{D_{n-2}V_R}{R_{n-2}} = D_{n-2} \times 2^{n-2} \times \frac{V_R}{R}$$

$$\vdots$$

$$I_0 = \frac{D_0 V_R}{R_0} = D_0 \times 2^0 \times \frac{V_R}{R}$$

$$I_f = -\frac{u_o}{R_f}$$

又因放大器输入端"虚断"，所以，

$$I_{n-1} + I_{n-2} + \cdots + I_0 = I_f$$

以上各式联立得，

$$u_o = -\frac{R_f}{R} \times V_R \times (D_{n-1} \times 2^{n-1} + D_{n-2} \times 2^{n-2} + \cdots + D_0 \times 2^0)$$

从上式可见，输出模拟电压u_0的大小与输入二进制数的大小成正比。

权电阻网络D/A转换器电路简单，但该电路在实现上有明显缺点，各电阻的阻值相差较大，尤其当输入的数字信号的位数较多时，阻值相差更大。这样大范围的阻值，要保证每个都有很高的精度是极其困难的，不利于集成电路的制造。为了克服这一缺点，D/A转换器广泛采用T型和倒T型电阻网络D/A转换器。

四、T型网络DAC

1. 电路组成

如图5-3所示为T型电阻网络4位D/A转换器的原理图。

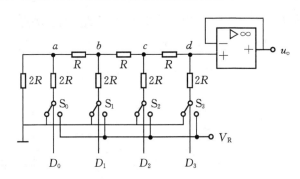

图5-3　T型电阻网络4位D/A转换器的原理图

2. 工作原理

①当图5-3中D_0单独作用时，T型电阻网络如图5-4（a）所示。把a点左下等效成戴维南电源，如图5-4（b）所示；然后依次把b点、c点、d点它们的左下电路等效成戴维南电源

时分别如图5-4（c）、（d）、（e）所示。由于电压跟随器的输入电阻很大，远远大于R，所以，D_0单独作用时d点电位几乎就是戴维南电源的开路电压$D_0 V_R/16$。

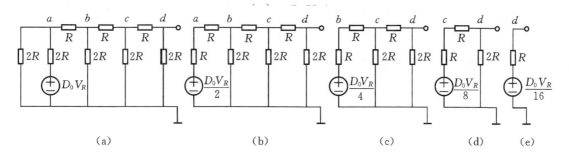

（a）　　　　　　　　　（b）　　　　　　　　（c）　　　　　　（d）　　　（e）

图5-4　D_0单独作用时T型电阻网络的戴维南等效电路

②当图5-4中D_1单独作用时，T型电阻网络如图5-5（a）所示，d点左下电路的戴维南等效电源电路如图5-5（b）所示。同理，D_2单独作用时d点左下电路的戴维南等效电源如图5-5（c）所示；D_3单独作用时d点左下电路的戴维南等效电源如图5-5（d）所示。故D_1、D_2、D_3单独作用时转换器的输出分别为

$$u_o（1）=D_1 V_R/8$$

$$u_o（2）=D_2 V_R/4$$

$$u_o（3）=D_3 V_R/2$$

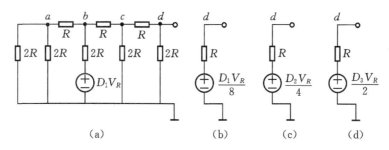

（a）　　　　　　　　（b）　　　　（c）　　　　（d）

图5-5　D_1、D_2、D_3单独作用时T型电阻网络的戴维南等效电路

利用叠加原理可得到转换器的总输出为

$$u_o=u_o（0）+u_o（1）+u_o（2）+u_o（3）$$

$$=\frac{D_0 V_R}{16}+\frac{D_1 V_R}{8}+\frac{D_2 V_R}{4}+\frac{D_3 V_R}{2}$$

$$=\frac{V_R}{2^4}×（D_0×2^0+D_1×2^1+D_2×2^2+D_3×2^3）$$

五、结论

由上可见，输出模拟电压正比于数字量的输入。推广到n位，D/A转换器的输出为

$$u_o=\frac{V_R}{2^n}（D_0×2^0+D_1×2^1+\cdots+D_{n-1}×2^{n-1}）$$

T型电阻网络由于只用了R和$2R$两种阻值的电阻，其精度易于提高，也便于制造集成

电路。但也存在一些缺点，在工作过程中，T型网络相当于一根传输线，从电阻开始到运放输入端建立起稳定的电流电压为止需要一定的传输时间，当输入数字信号位数较多时，将会影响D/A转换器的工作速度。另外，电阻网络作为转换器参考电压V_R的负载电阻将会随二进制数D的不同有所波动，参考电压的稳定性可能因此受到影响。所以在实际中，常用下面任务的倒T型D/A转换器。

任务九 倒T型网络DAC

一. 电路组成

倒T型电阻网络D/A转换器如图5-6所示。

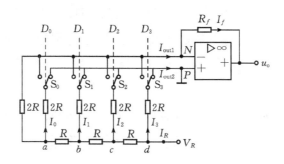

图5-6 倒T型电阻网络D/A转换器

二. 工作原理

由于P点接地、N点虚地，所以不论D_0、D_1、D_2、D_3是0还是1，电子开关S_0、S_1、S_2、S_3都相当于接地。因此，图中各支路电流I_0、I_1、I_2、I_3和I_R的大小不会因二进制数的不同而改变。并且，从任一节点a、b、c、d向左上看的等效电阻都等于R，所以流出V_R的总电流为

$$I_R=V_R/R$$

而流入各2R支路的电流依次为

$$I_3=I_R/2$$

$$I_2=I_3/2=I_R/4$$

$$I_1=I_2/2=I_R/8$$

$$I_0=I_1/2=I_R/16$$

流入运算放大器反相端的电流为

$$I_{out1}=D_0\times I_0+D_1\times I_1+D_2\times I_2+D_3\times I_3$$

$$=(D_0\times 2^0+D_1\times 2^1+D_2\times 2^2+D_3\times 2^3)\times I_R/16$$

运算放大器的输出电压为

$$u_o=-I_{out1}R_f=(D_0\times 2^0+D_1\times 2^1+D_2\times 2^2+D_3\times 2^3)\times I_R R_f/16$$

若$R_f=R$，并将$I_R=V_R/R$代入上式，则有

$$u_o=-\frac{V_R}{2^4}\times(D_0\times 2^0+D_1\times 2^1+D_2\times 2^2+D_3\times 2^3)$$

可见，输出模拟电压正比于数字量的输入。推广到n位，D/A转换器的输出为

$$u_o = -\frac{V_R}{2^n}(D_0 \times 2^0 + D_1 \times 2^1 + \cdots + D_{n-1} \times 2^{n-1})$$

倒T型电阻网络也只用了R和$2R$两种阻值的电阻，但和T型电阻网络相比较，由于各支路电流始终存在且恒定不变，所以各支路电流到运放的反相输入端不存在传输时间，因此具有较高的转换速度。

1. DAC中的电子开关

各种D/A转换器中使用的电子开关大都是由晶体管或场效应管开关组成的。图5-7绘出了场效应管组成的CMOS电子开关单元电路。图5-7中，T_1、T_2、T_3构成输入级，T_4、T_5构成的CMOS反相器与T_6、T_9构成的CMOS反相器互为倒相，两个反相器的输出分别控制着T_8和T_9的栅极，T_8、T_9的漏极同时接电阻网络中的一个电阻，例如T型电阻网络中的$2R$，而源极分别接电流输出端I_{out1}和I_{out2}。

当输入端D_i为低电平时，T_4、T_5构成的CMOS反相器输出低电平，T_6、T_9构成的CMOS反相器输出高电平，结果使T_8导通、T_9截止，T_8将电流I引向I_{out2}。当输入端D_i为高电平时，则T_8截止、T_9导通，T_9将电流I引向I_{out1}。

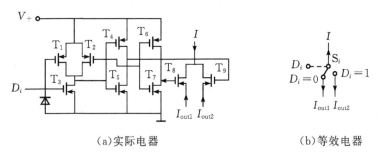

(a)实际电器　　　　　　　　(b)等效电器

图5-7　CMOS电子开关单元电路

注意，为了保证D/A转换的精度，电子开关的导通电阻应计入相应支路的阻值中。

2. DAC的主要技术指标

（1）满量程是输入数字量全为1时再在最低位加1时的模拟量输出

满量程电压用u_{Fs}表示；满量程电流用I_{Fs}表示。

（2）分辨率

$$分辨率 = \frac{\Delta u}{u_{Fs}} = \frac{1}{2^n}$$

式中，Δu表示输入数字量最低有效位变化1时，对应输出可分辨的电压；n表示输入数字量的位数。

（3）转换精度

转换精度是实际输出值与理论计算值之差。这种差值越小，转换精度越高。

转换过程中存在各种误差，包括静态误差和温度误差。静态误差主要由以下几种误差构成。

①非线性误差。D/A转换器每相邻数码对应的模拟量之差应该都是相同的，即理想转换特性应为直线。如图5-8实线所示，实际转换时特性可能如图5-8（a）中虚线所示，我们把在满量程范围内偏离转换特性的最大误差叫非线性误差，它与最大量程的比值称为非线性度。

②漂移误差，又叫零位误差。它是由运算放大器零点漂移产生的误差。当输入数字量为0时，由于运算放大器的零点漂移，输出模拟电压并不为0。这使输出电压特性与理想电压特性产生一个相对位移，如图5-8（b）中的虚线所示。零位误差将以相同的偏移量影响所有的码。

③比例系数误差，又叫增益误差。它是转换特性的斜率误差。一般地，由于V_R是D/A转换器的比例系数，所以，比例系数误差一般是由参考电压V_R的偏离而引起的。比例系数误差如图5-8（c）中的虚线所示，它将以相同的百分数影响所有的码。

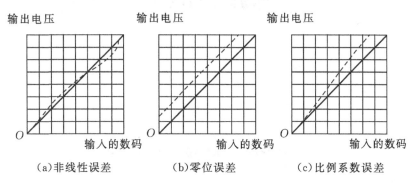

图5-8　D/A转换器的各种静态误差

温度误差通常指上述各静态误差随温度的变化。

（4）建立时间

从数字信号输入DAC起，到输出电流（或电压）达到稳态值所需的时间为建立时间。建立时间的大小决定了转换速度。

除上述各参数外，在使用D/A转换器时还应注意它的输出电压特性。由于输出电压实际上是一串离散的瞬时信号，要恢复信号原来的时域连续波形，还必须采用保持电路对离散输出进行波形复原。

实训八　数模转换器应用电路的安装与调试

工作情境描述

在计算器及测量仪表中如电子表、数字温度计、数字万用表中，常常需要把译码结果用人们习惯的十进制数码的字形显示出来。因此，必须把译码器输出数字信号转化为模拟信号来驱动显示器件。请同学们设计一个数码显示电路，要求显示0～9这十个数。

工作流程与活动

1.明确任务
2.工作准备
3.现场施工
4.总结评价

学习活动1　明确工作任务

学习目标

1.了解数模转换应用电路的逻辑功能
2.了解数模转换应用电路的使用方法
3.进一步掌握数模转换应用电路的检测方法

学习过程

根据任务单了解所要解决的问题，说出本次任务的工作内容、时间要求等信息。

编号：0008　　　　　　　　　　　　　　　任务单

设备名称	数模转换应用电路	制造厂家		型号规格	
设备台数	30			额定电压	5 V
施工项目	数模转换应用电路的安装与测试				
开工时间		竣工时间		施工单位	
验收时间		验收单位		接收单位	
电路原理介绍					

（1）根据任务单，查阅任务单中设备的基本情况并填写。

（2）查阅LED数码管和CD4511的具体技术参数。

（3）学习并掌握电路工作原理。

学习活动2　工作准备

学习过程

1. 准备工具和器材

（1）工具

本次任务所需要的工具见表5-1。

表5-1　工具

编号	名称	数量
1	双踪示波器	1
2	万用表	1
3	焊接工具	1
4	逻辑电笔	1
5	电子实训通用工具	1

（2）器材

本次任务所需要器材见表5-2。

表5-2　器材

编号	名称	规格	数量
1	万能板	8 mm×8 mm	1
2	集成电路插座	DIP16	1
3	集成电路	CD4511集成电路	1
4	电阻	1 kΩ	4
5	电阻	300	7
6	焊接材料	焊锡丝、松香助焊剂、连接导线等	1
7	数码管	BS202	1
8	发光管	LED	4

2. 根据以上所列器材，分别查出各元件的价格，并核算出总价

3. 环境要求与安全要求

（1）环境要求

①操作平台不允许放置其他器件、工具及杂物，要保持整洁。

②在操作过程中，工具与器件不得乱放，注意规范整齐，在万能板上安装元器件时，要注意前后，上下的位置。

③操作结束后，要将工位整理好，收拾好器材与工具，清理台面和地上杂物，关闭电源。

④将器材与工具分类放入工具箱，并摆放好凳子，方能离开。

（2）安装过程的安全要求

安装过程必须要有"安全第一"的意识，具体要求如下。

①进入实训室，劳保用品必须穿戴整齐，不穿绝缘鞋一律不准进入实训场地。

②电烙铁插头最好使用三相插头，要使外壳妥善接地。

③使用电烙铁前应仔细检查电源线是否有破损现象，电源插头是否损坏，并检查烙铁头有无松动。

④焊接过程中，电烙铁不能随处乱放。不焊时，应放在烙铁架上。注意烙铁头不可碰到电源线，以免烫坏绝缘层发生短路事故。

⑤使用结束后，应及时切断电源，拔下电源插头，待烙铁冷却后放入工具箱。

⑥实训过程应执行7S管理标准备，安全有序进行实训。

学习活动3　现场施工

学习过程

实训内容

D/A转换器实训

D/A转换器实训电路如图5-9所示。按图接好线，检查电路准确无误后接通电源。数据输入端依次输入数字量，用万用表测出相应的输出模拟电压u_0，并将结果填入表5-3。

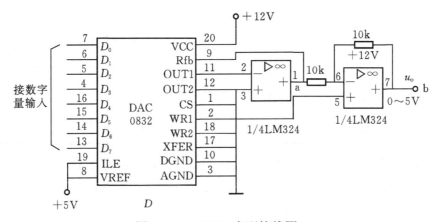

图5-9　DAC0832实训接线图

表5-3 D/A转换器实测表

任务电路	第___组组长		完成时间	
基本电路安装	1.根据所给电路原理图，绘制电路接线图 2.根据接线图，安装并焊接电路			
电路调试	1.用万用表检测电路			

2.将测量结果填入下表

序号	数字输入								模拟电压输出u_0/V
	D_7	D_6	D_5	D_4	D_3	D_2	D_1	D_0	
1	0	0	0	0	0	0	0	0	
2	0	0	0	0	0	0	0	1	
3	0	0	0	0	0	0	1	1	
4	0	0	0	0	0	1	1	1	
5	0	0	0	0	1	1	1	1	
6	0	0	0	1	1	1	1	1	
7	0	0	1	1	1	1	1	1	
8	0	1	1	1	1	1	1	1	

学习活动4　总结评价

学习过程

一、小组自我评价

以小组为单位，组长检查本组成员完成情况，可指定本组任意成员将相关情况进行总结汇报。

二、小组互评

根据每个小组的完成情况给出各小组本任务的综合成绩，并根据人员汇报情况（表达方式、表达能力、创新能力、综合素质等）相应加分。

三、教师评价

教师根据各小组任务完成情况给出各小组本任务综合成绩。

学习任务评价表

序号	主要内容		考核要求	评分标准	配分	自我评价 10%	小组互评 40%	教师评价 50%
1	职业素质	劳动纪律	按时上下课，遵守实训现场规章制度	上课迟到、早退、不服从指导老师管理，或不遵守实训现场规章制度扣1～7分	7			
		工作态度	认真完成学习任务，主动钻研专业技能	上课学习不认真，不能按指导老师要求完成学习任务扣1～7分	7			
		职业规范	遵守电工操作规程及规范	不遵守电工操作规程及规范扣1～6分	6			
2	明确任务		填写工作任务相关内容	工作任务内容填写有错扣1～5分	5			
3	工作准备		1.按考核图提供的电路元器件，查出单价并计算元器件的总价，填写在元器件明细表中 2.检测元器件	正确识别和使用万用表检测各种电子元器件，元件检测或选择错误扣1～5分	10			
4	任务实施	安装工艺	1.按焊接操作工艺要求进行，会正确使用工具 2.焊点应美观、光滑牢固，锡量适中匀称，万能板的板面应干净整洁，引脚高度基本一致	1.万用表使用不正确扣2分 2.焊点不符合要求每处扣0.5分 3.桌面凌乱扣2分 4.元件引脚不一致每个扣0.5分	10			

续表

序号	主要内容		考核要求	评分标准	配分	自我评价 10%	小组互评 40%	教师评价 50%
		安装正确及测试	1.各元器件的排列应牢固、规范、端正、整齐、布局合理、无安全隐患 2.测试电压应符合原理要求 3.电路功能完整	1.元件布局不合理，安装不牢固，每处扣2分 2.布线不合理、不规范、接线松动、虚焊、脱焊接触不良等每处扣1分 3.测量数据错误扣5分 4.电路功能不完整少一处扣10分	40			
		故障分析及排除	分析故障原因，思路正确，能正确查找故障并排除	1.实际排除故障中思路不清楚，每个故障点扣3分 2.每少查出一个故障点扣5分 3.每少排除一个故障点扣3分	10			
5	创新能力		工作思路、方法有创新	工作思路、方法没有创新扣5分	5			
指导教师签字：					年　　月　　日			

任务十　模数转换器（ADC）

一、模数转换的一般步骤

模数（A/D）转换是将模拟信号转换为数字信号，转换过程须通过采样、保持、量化、编码四个步骤完成。

1. 采样和保持

采样（也称取样）是将时间上连续变化的信号转换为时间上离散的信号，即将时间上连续变化的模拟量转换为一系列等间隔的脉冲，脉冲的幅度取决于输入模拟量，其过程如图5-10所示。图中u_i为输入模拟信号，$S(t)$为采样脉冲，u'_o为取样输出信号。

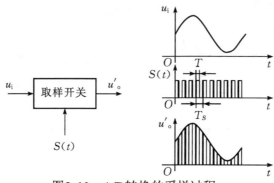

图5-10　A/D转换的采样过程

2. 量化和编码

（1）将采样后的样值电平归化到与之接近的离散电平上，这个过程称为量化。

（2）量化后，需用二进制码来表示各个量化电平，这个过程称为编码。

量化与编码电路是A/D转换器的核心组成部分。

二、并行比较型A/D转换器

并行A/D转换器是一种直接型A/D转换器，图5-11所示为三位并行比较型A/D转换器的原理图。

该转换器由电压比较器，寄存器和编码器三部分构成。图中电阻分压器把参考电压V_R分

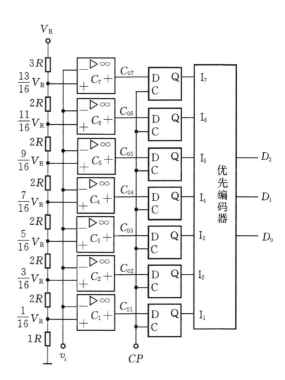

图5-11　三位并行比较型A/D转换器的原理图

压，得到7个量化电平，这7个量化电平分别作为7个电压比较器$C_7 \sim C_1$的比较基准。模拟量输入V_i同时接到7个电压比较器的同相输入端，与这7个量化电平同时进行比较。若输入信号V_i大于比较器C_1的比较基准电压时，则比较器C_1的输出为高电平，即$C_1 = 1$，否则为低电平，即$C_0 = 0$，其他6个比较器工作原理以此类推。比较器的输出结果由7个D触发器暂时寄存（在时钟脉冲CP的作用下）以供编码用，最后由编码器输出数字量。模拟量输入与比较器的状态及输出数字量的关系如表5-4所示。

表5-4 并行比较型A/D转换器的输入与比较器的输出状态及输出数字量的关系

模拟量输入	比较器的输出状态							数字量输出		
	C_{07}	C_{06}	C_{05}	C_{04}	C_{03}	C_{02}	C_{01}	D_2	D_1	D_0
$0 \leqslant V_I \leqslant \frac{1}{16}V_R$	0	0	0	0	0	0	0	0	0	0
$\frac{1}{16}V_R \leqslant V_I \leqslant \frac{3}{16}V_R$	0	0	0	0	0	0	1	0	0	1
$\frac{3}{16}V_R \leqslant V_I \leqslant \frac{5}{16}V_R$	0	0	0	0	0	1	1	0	1	0
$\frac{5}{16}V_R \leqslant V_I \leqslant \frac{7}{16}V_R$	0	0	0	0	1	1	1	0	1	1
$\frac{7}{16}V_R \leqslant V_I \leqslant \frac{9}{16}V_R$	0	0	0	1	1	1	1	1	0	0
$\frac{9}{16}V_R \leqslant V_I \leqslant \frac{11}{16}V_R$	0	0	1	1	1	1	1	1	0	1

在上述A/D转换中，输入模拟量同时加到所有比较器的同相输入端，从模拟量输入到数字量稳定输出经历时间为比较器、D触发器和编码器的延迟时间之和。在不考虑各器件延迟时间的误差时，可认为三位数字量输出是同时获得的，因此，称上述A/D转换器为并行A/D转换器。

并行A/D转换器的转换时间仅取决于各器件的延迟时间和时钟脉冲宽度。

三、逐位逼近型A/D

1. 转换原理

逐位逼近型A/D转换器也是一种直接型A/D转换器，这种转换器的原理如图5-12所示，其内部包含一个D/A转换器。这种转换器是将模拟量输入V_i与一系列由D/A转换器输出的基准电压进行比较后获得的。比较是从高位到低位逐位进行的，并依次确定各位数码是1还是0。转换开始前，先将逐位逼近寄存器（SAR）清0。开始转换后，控制逻辑将寄存器（SAR）的最高位设置为1，使其输出为100…000的形式，这个数码被D/A转换器转换成相应的模拟电压u_O送至电压比较器作为比较基准与模拟量输入V_i进行比较。若$u_O > V_i$，说明寄存器输出的数码大了，应将最高位改为0（去码），同时将次高位设置为1，使其输出为010…000的形式；若$u_O \leqslant V_i$，说明寄存器输出的数码还不够大，因此，除了将最高位设置的1保留（加码）外，还需将次高位也设置为1，使其输出为110…000的形式。然后，再按上面同样的方法继续进行比较，确定次高位的1是去码还是加码。这样逐位比较下去，直到最低位为止。比较完毕后，寄存器中的状态就是转化后的数字量输出。

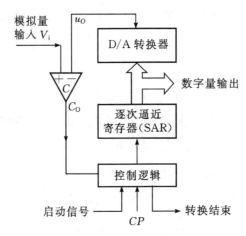

图5-12 逐次逼近A/D转换器的工作原理

2. 转换电路

图5-13是一个四位逐次逼近A/D转换器的逻辑原理图。五位移位寄存器既可进行并入/并出操作，也可进行串入/串出操作。移位寄存器的并入/并出操作是在其使能端G由0变1时进行的（使$Q_AQ_BQ_CQ_DQ_CQ_E$=ABCDE），串入/串出操作是在其时钟脉冲CP上升沿作用下按$S_{IN}Q_AQ_BQ_CQ_DQ_CQ_E$顺序右移进行的。注意，图5-13中S_{IN}接高电平，始终为1。

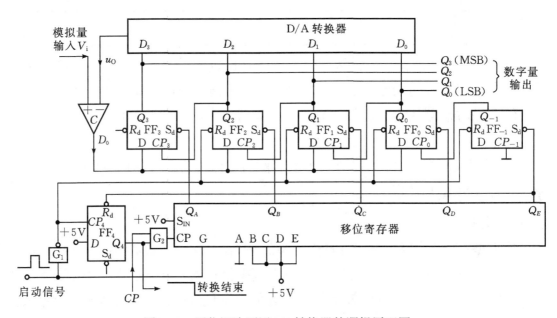

图5-13 四位逐次逼近A/D转换器的逻辑原理图

开始转换时，启动信号一路经门G_1反相后首先使触发器FF_2、FF_1、FF_0、FF_{-1}均复位为0。同时，另一路直接加到移位寄存器的使能端G，使G由0变1，$Q_AQ_BQ_CQ_DQ_CQ_E$=01111，Q_A=0又使触发器FF_3置位为1，这样在启动信号到来时输出寄存器被设成$Q_3Q_2Q_1Q_0$=1000。紧接着，一方面，D/A转换器把数字量1000转换成模拟电压量u_O，比较器把该电压量与输入模拟量v进行比较，若$v>u_O$，则比较器输出C_0=1，否则C_0=0，比较结果C_0被同时送至逐次逼近寄存器（SAR）的各个输入端。另一方面，由于在启动信号下降沿Q_4置1，G_2打开，这样在下一个脉冲到来时，移位寄存器输出$Q_AQ_BQ_CQ_DQ_CQ_E$=10111，Q_B=0又使触发器FF$_2$置位，Q_2由0变1，为触发器FF$_3$接收数据提供了时钟脉冲，从而将C_0的结果保存在Q_3中，实现了Q_3的去码或加码；此时其他触发器FF$_1$、FF$_0$由于没有时钟脉冲，状态不会发生变化。经过这一轮循环后$Q_3Q_2Q_1Q_0$=1100（C_0=1）或$Q_3Q_2Q_1Q_0$=0100（C_0=0）。在下一轮循环中，D/A转换器再一次把$Q_3Q_2Q_1Q_0$=1100（C_0=1）或$Q_3Q_2Q_1Q_0$=0100（C_0=0）这个数字量转换成模拟电压量，以便再次比较。如此反复进行，直到Q_E=0时才将最低位Q_0的状态确定。同时，触发器FF$_4$复位，Q_4由1变0，封锁了G$_2$，标志着转换结束。注意，图中每一位触发器的CP端都是和低一位的输出端相连，这样每一位触发器都只是在低一位由0置1时，才有一次接收数据的机会（去码或加码）。

逐次逼近A/D转换器的转换速度快，转换时间固定，易与微机接口，应用较广。常见的ADC0809就属于这种A/D转换器。

以上讨论了直接型A/D转换器，它们的优点是转换速度快，但转换精度受分压电阻、基准电压及比较器阈值电压等精度的影响，精度较差。实际上对精度要求较高时，可以使用间接型A/D转换器。间接型A/D转换器有电压/时间型（VT）和电压/频率型（VF）两种，常用的是电压/时间型（VT）A/D转换器，也称为双积分型A/D转换器。

四、ADC的主要技术指标

1. 分辨率

分辨率指A/D转换器对输入模拟信号的分辨能力。

2. 转换误差

转换误差是指实际的转换点偏离理想特性的误差，一般用最低有效位来表示。注意，在实际使用中当使用环境发生变化时，转换误差也将发生变化。

3. 转换时间和转换速度

转换时间是指完成一次A/D转换所需的时间，转换时间是从接到转换启动信号开始到输出端获得稳定的数字信号所经过的时间。转换时间越短意味着A/D转换器的转换速度越快。

课后习题

一、填空题

1.间接型A/D转换器常用的两种类型有_____和_____。

2.A/D转换器转换的是_____信号，输出_____信号。

3.直接型A/D转换器常用的两种类型有_____和_____。

4.直接型A/D转换器的优点是_____。

5.间接型A/D转换器的优点是_____。

二、判断题

1.A/D转换器与转化精度无关。（　　）

2.A/D转换器抽样后得到的是模拟信号。（　　）

3.间接型A/D转换器电压/频率型（VF）也称为双积分型A/D转换器。（　　）

实训九 模数转换器应用电路的安装与调试

工作情境描述

随着数字电子技术的发展与普及，用数字电路处理模拟信号常应用于自动控制、通信及检测领域。有一台温度自动控制器中运用了逐次逼近型模数转换器，请同学们用温度模拟模块的输出电压当输入信号，送给ADC0809集成块，在ADC0809集成块D_0~D_7输出端测量出数字量。

工作流程与活动

1.明确任务
2.工作准备
3.现场施工
4.总结评价

学习活动1 明确工作任务

学习目标

1.掌握ADC8090集成块管脚的功能
2.掌握ADC8090集成块模数转换应用电路的安装
3.掌握ADC8090集成块模数转换应用电路的检测方法

学习过程

根据任务单了解所要解决的问题，说出本次任务的工作内容、时间要求等信息。

编号：0009   **任务单**

设备名称	模数转换应用电路	制造厂家		型号规格	
设备台数	30			额定电压	5 V
施工项目	模数转换应用电路的安装与测试				
开工时间		竣工时间		施工单位	
验收时间		验收单位		接收单位	
电路原理介绍					

（1）根据任务单，查阅任务单中设备的基本情况并填写。

（2）查阅ADC8090集成块的具体技术参数。

（3）学习并掌握电路工作原理。

学习活动2　工作准备

学习过程

1. 准备工具和器材

（1）工具

本次任务所需要的工具见表5-5。

表5-5　工具

编号	名称	数量
1	双踪示波器	1
2	万用表	1
3	焊接工具	1
4	逻辑电笔	1
5	电子实训通用工具	1

（2）器材

本次任务所需要器材见表5-6。

表5-6　器材

编号	名称	规格	数量
1	万能板	8 mm×8 mm	1
2	集成电路插座	DIP16	2
3	集成电路	ADC8090集成电路	1
4	电阻	1 kΩ	4
5	电阻	470Ω	7
6	焊接材料	焊锡丝、松香助焊剂、连接导线等	1
7	按钮开关	轻触式6×6×5	1
8	发光管	LED	4

2. 根据以上所列器材，分别查出各元件的价格，并核算出总价

3. 环境要求与安全要求

（1）环境要求

①操作平台不允许放置其他器件、工具及杂物，要保持整洁。

②在操作过程中，工具与器件不得乱摆乱放，注意规范整齐，在万能板上安装元器件时，要注意前后，上下的位置。

③操作结束后，要将工位整理好，收拾好器材与工具，清理台面和地上杂物，关闭电源。

④将器材与工具分类放入工具箱，并摆放好凳子，方能离开。

（2）安装过程的安全要求

安装过程必须要有"安全第一"的意识，具体要求如下。

①进入实训室，劳保用品必须穿戴整齐。不穿绝缘鞋一律不准进入实训场地。

②电烙铁插头最好使用三相插头，要使外壳妥善接地。

③使用电烙铁前应仔细检查电源线是否有破损现象，电源插头是否损坏，并检查烙铁头有无松动。

④焊接过程中，电烙铁不能随处乱放。不焊时，应放在烙铁架上。注意烙铁头不可碰到电源线，以免烫坏绝缘层发生短路事故。

⑤使用结束后，应及时切断电源，拔下电源插头，待烙铁冷却后放入工具箱。

⑥实训过程应执行7S管理标准备，安全有序进行实训。

学习活动3　现场施工

学习过程

实训内容

ADC0809的引脚图如图5-14所示。ADC0809有8路输入通道，根据输入的ABC地址，就可以选择任意通道输入。其管脚与ADC0804基本相同，差异主要有：A、B、C——地址信号；ALE——锁存信号，给该段加正脉冲，锁存A、B、C的地址；STA——转换开始启动端，正脉冲启动；OE——数据允许输出时，该端有一正脉冲输入时，可读出转换结果。

ADC0809的读取方法有两种：一种是用延时方法，在启动转换开始后，延时150μs左右（以CLK的频率取640 kHz），再读取$D_0 \sim D_7$的数据；另一种是检测ADC0809在转换结束时EOC端产生的脉冲信号，当检测到该信号为高电平时读取$D_0 \sim D_7$的数据。此次实训采用延时输出。

确保电路接线正确后接通电源。电路中只要闭合开关，相当于给STA一个正脉冲，就

可以启动ADC。

　　按照工作任务表中模拟电压输入栏中的u_1数值输入到IN0，观察发光二极管的发光情况，并将结果记录表中。每一次转换按动开关，启动ADC工作。

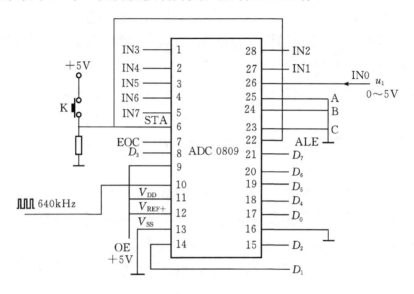

图5-14　ADC0809的引脚图

工作任务表

任务电路	第___组组长		完成时间	
基本电路安装	1.根据所给电路原理图，绘制电路接线图 2.根据接线图，安装并焊接电路			

任务电路		第___组组长			完成时间	

1.用万用表检测电路

2.将测量结果填入下表

数字输出								模拟电压输入u_1/V
D_7	D_6	D_5	D_4	D_3	D_2	D_1	D_0	
								0
								0.5
								1
								2
								2.5
								3
								3.5
								4

电路调试

学习活动4　总结评价

学习过程

一、小组自我评价

以小组为单位，组长检查本组成员完成情况，可指定本组任意成员将相关情况进行总结汇报。

二、小组互评

根据每个小组的完成情况给出各小组本任务的综合成绩，并根据人员汇报情况（表达方式、表达能力、创新能力、综合素质等）相应加分。

三、教师评价

教师根据各小组任务完成情况给出各小组本任务综合成绩。

学习任务评价表

序号	主要内容		考核要求	评分标准	配分	自我评价10%	小组互评40%	教师评价50%
1	职业素质	劳动纪律	按时上下课，遵守实训现场规章制度	上课迟到、早退、不服从指导老师管理，或不遵守实训现场规章制度扣1~7分	7			
		工作态度	认真完成学习任务，主动钻研专业技能	上课学习不认真，不能按指导老师要求完成学习任务扣1~7分	7			
		职业规范	遵守电工操作规程及规范	不遵守电工操作规程及规范扣1~6分	6			
2	明确任务		填写工作任务相关内容	工作任务内容填写有错扣1~5分	5			
3	工作准备		1.按考核图提供的电路元器件，查出单价并计算元器件的总价，填写在元器件明细表中 2.检测元器件	正确识别和使用万用表检测各种电子元器件，元件检测或选择错误扣1~5分	10			
4	任务实施	安装工艺	1.按焊接操作工艺要求进行，会正确使用工具 2.焊点应美观、光滑牢固、锡量适中匀称，万能板的板面应干净整洁，引脚高度基本一致	1.万用表使用不正确扣2分 2.焊点不符合要求每处扣0.5分 3.桌面凌乱扣2分 4.元件引脚不一致每个扣0.5分	10			
		安装正确及测试	1.各元器件的排列应牢固、规范、端正、整齐、布局合理、无安全隐患 2.测试电压应符合原理要求 3.电路功能完整	1.元件布局不合理，安装不牢固，每处扣2分 2.布线不合理、不规范、接线松动、虚焊、脱焊接触不良等每处扣1分 3.测量数据错误扣5分 4.电路功能不完整少一处扣10分	40			
		故障分析及排除	分析故障原因，思路正确，能正确查找故障并排除	1.实际排除故障中思路不清楚，每个故障点扣3分 2.每少查出一个故障点扣5分 3.每少排除一个故障点扣3分	10			
5	创新能力		工作思路、方法有创新	工作思路、方法没有创新扣5分	5			
指导教师签字：							年 月 日	

参考文献

[1] 数字电子技术[M].北京:高等教育出版社,2003.

[2] 数字电子技术基础[M].北京:高等教育出版社,1985.

[3] 电子设备装接工[M].北京:中国劳动出版社,2010.

[4] 电子技术基础[M].北京:中国劳动出版社,2008.

[5] 电子产品设计与制作[M].北京:电子工业出版社,2010.

[6] 电子技术基础与技能[M].北京:机械工业出版社,2009.

[7] 电子产品工艺基础[M].北京:电子工业出版社,2003.